Werner David

Von Fallenstellern und Liebesschwindlern

Werner David

Von Fallenstellern und Liebesschwindlern

Begegnungen im Naturgarten

mit Illustrationen von Karin Bauer

Ich widme dieses Buch von ganzem Herzen der unermüdlichen SSE.

Inhalt

Was erwartet den Leser auf den folgenden Seiten?

Detailliertes biologisches Faktenwissen aus den Reihen der Wissenschaftler ist für den Insider faszinierend, für den Laien dagegen meist tödlich langweilig und nahezu unverständlich. Populärwissenschaftliche Bücher sind spannender, beschränken sich aber oft auf ein Minimum an fachlicher Information.

Dieses Buch versucht daher einen etwas gewagten Spagat zwischen beiden Varianten: beinharte, trockene biologische Fakten, durchtränkt und umhüllt von zart schmelzender Vollmilchschokolade aus Humor, durchsetzt mit ironischen Zartbitterstückchen und gekrönt von einem mächtigen Sahnehäubchen aus den wirklich genialen Illustrationen von Karin Bauer.

Dieses Buch zu schreiben, war keine Arbeit, sondern Vergnügen in Reinkultur. Wenn der Leser diese Freude auch nur ansatzweise nachvollziehen kann, habe ich mein Ziel erreicht. Viel Spaß!

Werner David

Vielfalt im Naturgarten – von 0 bis 24 Beine

Liebesspiel im Schneckentempo
– die Schnirkelschnecke

Wie jeden Morgen führt mich mein erster erwartungsvoller
Gang hinaus zum Sandbeet hinter dem Haus. Ich habe dort
schon viele frohe Stunden auf den Knien verbracht, den ge-
bannten Blick auf irgendein faszinierendes Gewusel gerichtet. Viele Passanten, die ahnungslos an unserem Garten vor-
beigehen, halten mich vermutlich für einen übereifrigen
Muslim.
Auch heute herrscht in der Mini-Sanddüne wieder reger
Betrieb. Ein Dutzend Schnirkelschnecken[1] liefert sich ein dra-
matisches Kopf-an-Kopf-Rennen, um den langsam wärmer
werdenden Strahlen der Morgensonne zu entkommen.
Die artenreiche Familie der Schnirkelschnecken[2] besticht
durch ihre hübschen Gehäuse mit vielfältigen Mustern aus
Punkten oder Bändern, Schnirkelschnecken sind immer per-
fekt gekleidet. Ihre größte und bekannteste Vertreterin ist die
Weinbergschnecke[3]. Die Zuneigung zu ihr ist allerdings häufig eher kulinarisch und weniger ästhetisch gefärbt! Wahre
Liebe geht eben doch durch den Magen.
Weinbergschnecken können mehrere Jahrzehnte alt werden – allerdings selten in freier Wildbahn –, als pflegeleichtes
Haustier schlagen sie Waldi damit um Längen.
Das erstaunlich robuste Gehäuse besteht aus Kalk, der von
speziellen Drüsen ausgeschieden wird. Für den Nachschub
sind Schnecken daher auf einen kalkhaltigen Boden angewiesen. Bei Schnecken setzt die »Verkalkung« schon kurz nach
der Geburt ein. Diese Fähigkeit bleibt auch nach Abschluss
des Gehäusewachstums erhalten, daher kann eine Schnecke
im Katastrophenfall Löcher im Haus bis zu einem gewissen
Grad »flicken«, diese Stellen fallen anschließend allerdings
durch ihre andersartige Färbung auf. In diesem Fall geht Sicherheit vor Schönheit, auch wenn die Wahl zur Miss Schnir-

10

kel damit flachfällt. Die Regenerationsfähigkeit ist erstaunlich, häufig werden auch stark verschobene Gehäusebruchteile wieder fixiert und geben der Schnecke das Aussehen eines schlachtenerprobten, von Narben gezeichneten Veteranen. Doch auch die perfektesten Reparaturmechanismen helfen der Schnecke bei der Begegnung mit einer Singdrossel[4] nichts mehr. Der Vogel packt das Gehäuse kurzerhand mit dem Schnabel und donnert es so lange gezielt gegen einen Stein, bis es den Geist aufgibt. Oft wird dabei immer der gleiche Stein als Schneckenknacker-Amboss verwendet, der dann von einer ganzen Halde aus Schalenresten umgeben ist.[5] Dieses Mahnmal der Vergänglichkeit ist die dringende Empfehlung für jede Schnecke, den Tag im Interesse ihrer Gesundheit besser in einem geschützten Versteck zu verschlafen.

Schnecken verlieren durch die permanente Schleimproduktion[6] bei der Fortbewegung relativ viel Wasser, ein sonnengebräunter, sportlicher Teint steht also ganz unten auf ihrer Wunschliste. Trotzdem sieht man gerade an heißen Tagen viele Schnirkelschnecken auf der Borke von Bäumen und Sträuchern mitten in der prallen Sonne sitzen. Dort besteht vermutlich eher die Chance auf einen kühlenden Lufthauch als direkt am Boden. Die Verdunstungsverluste über das Gehäuse sind minimal, zusätzlich sondert die Schnecke eine dünne

Schleimschicht an der Gehäusemündung ab, die an der Luft erhärtet und das Gehäuse wie mit einer organischen Frischhaltefolie verschließt. So vorbereitet ist sie relativ hart im Nehmen, manche Arten können selbst extremste Temperaturbedingungen in einer monatelangen Trockenstarre überdauern. Sämtliche Stoffwechselvorgänge dümpeln dabei auf dem absoluten Minimum wie bei einem Murmeltier im Winterschlaf.

Der attraktive Glanz des Gehäuses ist auf eine »Lackschicht« aus Proteinen zurückzuführen, die die Farben zum Leuchten bringt.[7] Bei manchen Schnecken ist diese Schicht zusätzlich behaart.[8] Das ist kein Witz! Als mir der erste haarige Schneckenhippie unter die Augen kam, habe ich etwas ungläubig die Lupe zu Rate gezogen. Die Haare blieben aber stur, wo sie waren. Das Gehäuse ist ein ursprüngliches Merkmal der Schnecken, bei den Nacktschnecken wurde es komplett reduziert oder ins Körperinnere verlagert. Nacktschnecken sind also die modernste Schneckenform aus der Designerschmiede der Evolution. Dabei gibt es putzige Übergangsformen (Glas- und Glanzschnecken), bei denen die Schnecke nur noch ein winziges Kalk-Käppchen am Hinterleib trägt, das aussieht wie eine verrutschte Badehaube. Von einem Rückzug ins Gehäuse kann hier natürlich keine Rede mehr sein. Die Schutzfunktion des Gehäuses fällt damit natürlich flach, aber durch diesen »Ballastabwurf« ist die Schnecke spurtfreudiger und kann sich leichter verkriechen.

Die meisten Schnirkelschnecken in meinem morgendlichen Sandbeet haben inzwischen erfolgreich das Weite und den Schatten gesucht, lediglich zwei Exemplare trotzen noch engumschlungen den Sonnenstrahlen. Sie thronen malerisch auf dem »Schädelberg«, einem verwitterten Hundeschädel, der als organisches Deko-Objekt das Sandbeet ziert.

Im Gegensatz zu ihren getrenntgeschlechtlichen meeresbewohnenden Brüdern und Schwestern sind Landlungenschnecken »Brüderschwestern«, das heißt Zwitter. Jede Schnecke produziert sowohl Eier wie auch Spermien, theoretisch wäre also eine Selbstbefruchtung durchaus möglich. So was gehört sich aber nicht! In der Praxis wird dieses unlautere Fortpflanzungsverhalten sogar durch verschiedene Kontrollmechanismen (zum Beispiel die unterschiedliche Reifezeit von Ei- und Samenzellen) wirkungsvoll verhindert. Inzucht ist absolut »out« in der Natur, Paarung und Austausch von genetischem Material dagegen ein Renner.

Die Geschlechtsöffnung mündet kurz hinter dem Kopf nach außen, die Paarung ist daher eine sehr »verkopfte« Angelegenheit, zumal sie hier auch noch auf einem Hundeschädel stattfindet.

Das Sperma wird von beiden Partnern in Form einer kompakten Spermatophore übertragen, eine Art organisches Tupperschüsselchen für den geschwänzten Inhalt. Die Spermien können nach der Übertragung bis zu einem Jahr untätig Däumchen drehen, erst kurz vor der Eiablage erfolgt dann die Befruchtung.

Einer der größten Vorteile des Zwitterdaseins ist es, dass im Idealfall beide Partner nach der Paarung befruchtete Eier ablegen können, häufig wird aber auch nur eine der Schnecken befruchtet. Selbst wenn eine der Schnecken also ein kleines Intermezzo mit einer Singdrossel haben sollte, besteht dennoch Hoffnung auf Nachwuchs.

Auch die oft aufwendige Suche nach einem Weibchen oder Männchen entfällt somit, beim Treffen zweier Schnecken haben beide Partner automatisch das »richtige« Geschlecht.

Als sich eine der beiden Schnirkelschnecken leicht verdreht, sticht mir plötzlich ein weißes, schleimüberzogenes Objekt ins Auge, das wie ein Stachel aus der Fußmuskulatur ragt. Ein »Liebespfeil«! Sagenhaft! Ich kenne ihn zwar aus der Literatur, aber so richtig »live« in freier Wildbahn habe ich bisher keinen erlebt.

Dieser Liebespfeil ist ein etwa 5 mm langes[9], scharfkantiges Kalk-Stilet, das sich die Schnecken bei der Paarung tief in die Muskulatur treiben. Diesen Vorgang darf man sich allerdings nicht als Pfeil-und-Bogen-Wettschießen Marke Robin Hood vorstellen. Der Pfeil beschreibt keine freie Flugbahn, sondern wird durch Muskelkontraktionen langsam in den Partner gedrückt.

Man gönnt sich ja sonst nichts!

Über die Bedeutung dieses bizarren Rituals wurde lange Zeit gerätselt. Angeblich sollte der Reiz »stimulierend« auf die Paarung wirken. Ich muss gestehen, diese These habe ich schon immer mit größter Skepsis betrachtet. Wenn mir jemand einen 30 cm langen Kalkdolch in den Fuß rammen würde, wäre es einer erotischen Grundstimmung nicht unbedingt förderlich. (Ich bin allerdings immer noch auf der Suche nach Freiwilligen für einen praktischen Test.)

Aber gut, natürlich bin ich keine Schnecke und Geschmäcker sind ja bekanntlich grundverschieden.

Die zweite These lautete, der Pfeil wäre eine Art Kalzium-Mitgift für den Partner, um den Aufbau der kalkhaltigen Eihüllen zu sichern. Dummerweise wird der Pfeil aber nur in den seltensten Fällen vom Körper resorbiert, und selbst dann würde die Kalziummenge nur für die Zehennägel einer Blattlaus ausreichen.

Also auch wieder nix!!

Die dritte These existiert erst seit kurzem und erscheint recht plausibel. Das Entscheidende ist vermutlich gar nicht der Kalkpfeil, sondern der Schleim, der damit in den Körper des Partners übertragen wird. Er enthält Hormone, die so in die Blutbahn und zur Wirkung gelangen. Schnecken können sich mehrfach paaren, dadurch hamstern sie Sperma von verschiedenen Partnern, das nun miteinander in einer »Scher-dich-gefälligst-weg-von-meinen-Eizellen«-Konkurrenz steht.

Offenbar kommt nun umso mehr eigenes Sperma zum Zuge, je tiefer der Pfeil bei der Paarung eindringt und je mehr

Hormone übertragen werden, ein ziemlich verblüffender Mechanismus, sich beim Partner »einzuschleimen« und so den Fortpflanzungserfolg zu sichern.

Völlig aufgekratzt von der unerwarteten Entdeckung schieße ich freudestrahlend eine ganze Serie von Fotos. Danach richte ich mich etwas mühselig auf und reibe mir den unteren Rücken, der lautstark über meine unergonomischen Hobbys meutert. Naturgärtner haben zwangsläufig einen »niedrigen Horizont«, weil die fesselndsten Begegnungen mit den zahlreichen Bewohnern eines Naturgartens meistens knapp über dem Erdboden stattfinden. Das lehrt die gebührende Demut!

Da Schneckenpaarungen bis zu 24 Stunden dauern und mein Chef die Begeisterung für dieses Ereignis möglicherweise nur bedingt teilen wird, mache ich mich schweren Herzens auf den Weg in die Arbeit.

Das Schnecken-Liebespaar setze ich vorher noch vorsichtig in den Schatten. Salat werden die kleinen Kriecher in meinem Garten definitiv nicht finden, aber auch mit Sicherheit kein Schneckenkorn.

Großes Naturgärtner-Ehrenwort!

Anmerkungen:

[1] Mit etwa 40.000 Arten bilden die Schnecken *(Gastropoda)* die größte Gruppe innerhalb der Weichtiere *(Mollusca)*. Die restlichen Vertreter der Weichtiere sind die Kopffüßer *(Cephalopoda)*, z. B. Kalmare, Kraken, Tintenfische, die Muscheln *(Bilvalvia)* und einige eher unbekannte Gruppen: Schildfüßer *(Caudovoveata)*, Furchenfüßer *(Solenogastres)*, Käferschnecken *(Polyplacophora)*, Einschaler *(Tryblidia)* und Kahnfüßer *(Scaphopoda)*.

[2] *Helicidae.* Zu den häufigsten Besuchern in unseren Gärten gehören die Schwarzmündige Bänderschnecke *(Cepaea nemoralis)* und die kleinere Gartenbänderschnecke oder Weißmündige Bänderschnecke *(Cepaea hortensis)*.

[3] *Helix pomatia.*

[4] *Turdus philomelos.*

[5] Möglicherweise haben Singdrosseln und andere Schnecken fressende Arten zur Vielfalt der Gehäusezeichnung beigetragen. Je nach Umfeld ermöglichen unterschiedliche Farbvarianten eine optimale Tarnung der Schnecke, schlecht getarnte Schnecken werden eher von den Singdrosseln erbeutet. Auf diese Weise wird in jedem Biotop die Tarnung der dortigen Schneckenpopulation nach und nach optimiert.

[6] Der Schleim besteht größtenteils aus Proteinen. Dieses organische Hydrogel kann bei der Weinbergschnecke bis zu 250 % seines Gewichtes an Wasser aufnehmen und verquillt dabei zu einer gallertigen Masse. Die Wasserabgabe erfolgt dagegen sehr langsam. Auf diese Weise kann die Schnecke selbst geringe Wassermengen aus dem Umfeld aufnehmen und reduziert die Verdunstung des eigenen Körpers.

[7] Bei Gehäuseverletzungen kann diese »Lackschicht« nicht mehr nachgebildet werden, die reparierten Stellen wirken daher stumpf und glanzlos.

[8] Haarschnecken (Gattung *Trichia*).

[9] Bei der Weinbergschnecke ist er bis zu 11 mm lang. Der Liebespfeil ist ein komplexes Kalkgebilde mit Schneiden und Kanten. Seine Form ist arttypisch und er kann zur Untersuchung von Verwandtschaftsverhältnissen verwendet werden.

16

Platz ist in der kleinsten Hütte – Großstadtdschungel auf dem Balkon

»Nun schau'n Sie sich mal diesen Sauverhau da oben an! Eine Affenschande so etwas!! Die reinste WILDNIS!!!«

Hmm … ich glaube hier spricht jemand von meinem geliebten Balkon.

Warum wird man immer dann gestört, wenn die Lektüre am spannendsten ist? Schweren Herzens lege ich meinen Thriller beiseite, die »Wildbienen Baden-Württembergs« von Paul Westrich[1] müssen sich jetzt noch einen Moment gedulden. Vorsichtig spähe ich über die Balkonbrüstung nach unten. Zwei hochbetagte Herren sind in einen offensichtlich äußerst emotionsgeladenen Austausch vertieft. Der Wortführer, ein weißhaariger, tief zerfurchter Charakterkopf, fuchtelt mit seinem knorrigen Stock drohend in Richtung der üppig wuchernden, meterhohen wilden Möhre, als wolle er mir den Avada-Kedavra-Fluch Lord Voldemorts aus den Harry-Potter-Büchern auf den spärlichen Pelz brennen. Ich lasse mich nachdenklich in meinen Liegestuhl zurücksinken.

Was meint der mit Wildnis? Meinen Balkon???

Seltsam, wie grundverschieden Definitionen doch sein können! Für diesen grimmig gestikulierenden, grollenden Greis ist »Wildnis« offensichtlich etwas Beängstigendes, ein Feind, ein Gegner, der bekämpft werden muss. Etwas, das sich menschlicher Kontrolle entzieht und damit unberechenbar und gefährlich wird, ein Konkurrent um lebenswichtige menschliche Ressourcen, ein empörender Schandfleck im leider so vertrauten sterilen Normgrün der Städte.

Bin ich wirklich ein gemeingefährlicher Ökospinner?

Ich stehe auf und lasse den Blick über meine geliebten drei Quadratmeter »Garten« schweifen. Eine Löcherbiene[2] kommt auf mich zugeschossen und verharrt kurz vor meiner Nasenspitze. Ihre mit Korbblütlerpollen dicht bepackte Bauchbürste leuchtet in einem intensiven, quietschig warmen Gelb. Ihre winzigen Facettenaugen funkeln mich vorwurfsvoll an. »Wenn du glaubst, ich fliege jetzt außen um dich herum und vergeude unnötig kostbaren Sprit, dann kannst du das ganz schnell vergessen, Freundchen!« Manchmal vergesse ich tatsächlich, wer hier auf dem Balkon das Sagen hat. Schuldbewusst gehe ich einen Schritt zur Seite und gebe die Einflugschneise zu den Wildbienennisthilfen frei. Eine komplette Seite meines Balkons bietet künstlichen Nistraum für einheimische Wildbienen. Diese liebenswerten, unermüdlichen Pollensammler versorgen im Gegensatz zum staatenbildenden »Haustier Honigbiene« ihre Brut solitär, das heißt als Einzelkämpfer ohne zusätzliche Arbeiterinnen.

Nektar- und Pollentankstellen in Form einheimischer Wildstauden sind zunehmend rar geworden und in puncto Wildbienenkinderstube sieht es sogar oft zappenduster aus. Viele häufig vorkommenden Wildbienenarten besiedeln als Nachmieter die verlassenen Fraßgänge von Käferlarven im Holz, ein perfektes Wohnraum-Recycling.[3] Andere Arten, zum Beispiel die prächtig blauviolett irisierenden Holzbienen, nagen die Gänge aktiv in morsches Holz.»Tot«holz ist eines der wertvollsten, vielseitigsten und artenreichsten Biotope in unseren Breiten, ungeachtet seines Namens explodiert es förmlich vor Leben. Mitteleuropa war ursprünglich fast flächendeckend von Wäldern bedeckt, in denen Rotbuche und Eiche dominierten. So lange die Vorfahren von Homo sapiens noch ausschließlich damit beschäftigt waren, sich gegenseitig fröhlich grunzend zu lausen, stand dieser Rohstoff in nahezu unbegrenzter Menge zur Verfügung. Die jetzt dominierenden, »ordentlichen« Wirtschaftswälder leiden dagegen paradoxerweise an »Holzmangel«. Leider schätzen manche Wald- und vor allem auch Gartenbesitzer diese tragende Säule des Ökosystems nach wie vor ähnlich hoch wie Motten im Kleiderschrank.

Wildbienen sind daher immer heilfroh, wenn sie geeignetes Substrat für ihren Nachwuchs finden, künstliche Nisthilfen werden dankend angenommen.[4] Auf meinem Balkon sind es trockene Hartholzstämme (etwa 15 cm Durchmesser), die mit Bohrungen zwischen 2 und 10 mm Durchmesser versehen sind. Eine Bohrerlänge pro Bohrung reicht dabei völlig aus, »Hart«holz trägt seinen Namen durchaus zu Recht, wie Sie im Schweiße Ihres Angesichts selbst feststellen werden. Gerade die dünnen Bohrer verglühen bei zu starker Belastung wie die Motten im Licht. Wechseln Sie die Bohrer daher regelmäßig aus, damit sie wieder einen kühlen Kopf bekommen. Gebündelte Schilfrohrmatten, die mit einer scharfen Schere oder feinzähnigen Säge auf etwa 30 cm Länge zugeschnitten und anschließend aufgerollt werden, sind auf dem

Wildbienen-Immobilienmarkt ebenfalls sehr begehrt. Die Schnittkanten bzw. Bohrlöcher sollten möglichst glatt sein, ausgefranste und splittrige Löcher werden in der Regel erst gar nicht besiedelt. Eine Wildbiene wählt den Lochdurchmesser ähnlich aus wie viele Menschen ihre Jeans, mit eingezogenem Bauch kann sie sich gerade noch hineinzwängen. Jeder Splitter würde die zarten, membranartigen Flügel mühelos zerschlitzen. Ein durchschnittliches Wildbienenleben dauert nur vier bis sechs Wochen, das zu erledigende Arbeitspensum ist gewaltig und ohne Flügel als »Fußgänger« mit Sicherheit nicht zu bewältigen.

Für die kleinsten Arten habe ich eine Kaffeedose prallvoll mit Naturstrohhalmen gefüllt, die am unteren Ende in flüssigen Gips gedrückt werden. (Falls Sie kein mykologisches Interesse an einer Schimmelpilzzucht haben, sollten Sie unbedingt Plastikstrohhalme[5] vermeiden.) Der Gips verschließt die Halme an einer Seite und fixiert sie gleichzeitig. Pfiffige Blaumeisen betrachten den proteinreichen Inhalt der Halme nämlich als eine Art Überraschungsbuffet, sie ziehen die einzelnen Halme geschickt mit dem Schnabel aus der Dose, schlitzen sie der Länge nach auf und sorgen so für Zulauf im Wildbienenhimmel. Bei den im Gips fixierten Halmen können sie nur eine Schnäbelchenlänge weit vordringen, die vordersten Brutzellen sind – vermutlich zum Schutz vor Parasiten – in der Regel sowieso nicht mit Brut bestückt, damit hält sich der Schaden in Grenzen.

Der Deutschen liebstes Balkonkind, die rührend umsorgte Geranie, werden Sie bei mir vergeblich suchen. In einer Mischung aus Sand und Grünkompost tummeln sich ausschließlich robuste einheimische Arten, die auch einige Tage ohne Gießen klaglos überstehen: Johanniskraut, Färberkamille, Mausohr, Karthäusernelke, Thymian, Oregano, Wiesensalbei, Katzenminze, Sonnenröschen, Herzgespann und Flockenblumen geben sich im Verlauf des Jahres die Ehre und setzen jeweils neue, farbige Akzente.

Die blauroten Blüten des kratzigen Natternkopfes sind fast immer von Hummeln[6] umdröhnt, diese Jumbos unter den Wildbienen tauchen auch mitten im Nieselregen auf, bei dem keine anständige Wildbiene einen Fuß vor die Türe setzt, geschweige denn einen Flügel.

Hummeln können im Gegensatz zu anderen Insekten ihre Körpertemperatur relativ konstant halten: Zum Aufheizen lässt die Hummel ihre Flugmuskeln bei Vollgas aufheulen, ohne die Flügel einzukoppeln, die gesamte Energie wird daher als Wärme frei. Sobald die nötige Mindesttemperatur[7] erreicht ist, fliegt sie los, Bestäubungen in nasskalten Frühjahren gehen daher fast ausschließlich auf das Konto der unverwüstlichen Hummeln.

Die bauchigen, leuchtend blauen Blüten der Pfirsichblättrigen und Rundblättrigen Glockenblume dienen oft als Nachtquartier. Am Morgen drängen sich manchmal mehrere kältestarre Wildbienen in einer Blüte, mit ihren Kieferzangen fest in den Griffel verbissen.[8] Pollenburger und Nektarshake für das Frühstück sind damit in unmittelbarer Nähe, die Biene übernachtet quasi direkt am Tresen.

Auf den weißen Blütendolden der einjährigen wilden Möhre sitzen Schwebfliegen, Fliegen, Käfer und Wespen, es herrscht ein emsiges, ständig wechselndes Gewusel. Der Nektar in den verbraucherfreundlichen, flachen Einzelblüten ist hier auch ohne Rüssel problemlos zu erreichen. Die engen, tiefen Blütenröhren der Karthäusernelke sind dagegen ausschließlich den Aristokraten unter den fliegenden Rüsselträgern, den Schmetterlingen, vorbehalten. Allerdings gibt es auch hier Spielverderber, die sich nicht ganz an die Spielregeln halten: Kurzrüsslige Hummelarten beißen oft ein Loch in den unteren Abschnitt einer Blütenröhre und tanken dort »illegal«.[9] Die Honigbiene steht über solch profanem Raub. Das beruht allerdings weniger auf ethisch-moralischen Bedenken, sondern auf einem rein praktischen Problem: Honigbienen besitzen im Gegensatz zu den Hummeln keine Chitinzähnchen auf den Mandibeln, alle Beißaktivitäten würden der zähen Blütenhülle deshalb nur ein müdes Lächeln abringen. Sobald der Nektartresor von Hummeln geknackt ist, profitiert aber auch die Honigbiene von den neu geöffneten Tankstutzen. Am Stängel der Karthäusernelke hat die Larve der Wiesenschaumzikade ihr tarnendes Schaumnest gebaut, auf dem Blütenstand der Färberkamille lauert eine perfekt getarnte Veränderliche Krabbenspinne geduldig auf Beute. Poppige Zebraspringspinnen tanken Wärme an der Hauswand, ihre großen, scheinwerferartigen Hautaugen sind schon mit bloßem Auge deutlich zu erkennen. Eine hungrige Florfliegenlarve schlägt mit ihren gewaltigen Saugzangen verheerende Breschen in eine Blattlauskolonie am Oregano, eine halbstarke Kreuzspinne vollendet nach 20 Minuten den Bau eines neuen, komplexen Radnetzes, nachdem das alte durch einen kurzsichtigen, fetten Nachtfalter in seine Bestandteile zerlegt wurde.

Egal wo ich hinschaue, schon nach wenigen Augenblicken entdecke ich Neues, Faszinierendes und Schönes. Es sind nur drei Quadratmeter und doch ist es ein Ausrufezeichen des Lebens, ein winziger Ausschnitt aus der üppigen Vielfalt der Natur, ein Platz zum Schauen, Staunen und Seelebaumelnlassen.

Wildnis?

Ja, in gewisser Weise schon, aber »wild« im Sinne von naturnah und ursprünglich, eine Wildnis, in der auch der Mensch seinen Platz hat. Nicht als Opfer, Gegner oder Manipulator, sondern als wohlwollender Beobachter, der sich die Ursprünglichkeit ehrfürchtig kindlichen Staunens noch bewahrt oder wieder neu entdeckt hat.

Ich wünschen Ihnen allen ein frohes »Wildern«.

Anmerkungen:

[1] Dieses leider seit vielen Jahren vergriffene zweibändige Werk ist mit Abstand die umfassendste, kompetenteste und schönste Informationsquelle zum Thema Wildbienen. Siehe auch www.paul-westrich.de.

[2] Die Gewöhnliche Löcherbiene *(Osmia truncorum = Heriades truncorum)* findet man regelmäßig an künstlichen Nesthilfen. Der 4 – 8 mm kleine Winzling bevorzugt Gangdurchmesser von 3 – 3,5 mm, z. B. Naturstrohhalme. Die Art ist auf den Pollen von Korbblütlern *(Asteraceae)* spezialisiert, z. B. Greiskraut, Disteln, Alant, Kamille und Schafgarbe. Sind diese Pollenquellen vorhanden, tritt die Art auch mitten im Siedlungsraum auf. Hauptaktivität von Anfang Juli bis Ende August.

[3] Ein »Staat« wie bei der Honigbiene oder den Hummeln existiert hier nicht, bzw. er besteht nur aus dem befruchteten Weibchen. In jeder Brutzelle ist genügend Larvenproviant (Pollen und Nektar) für die Entwicklung der Larve vorhanden, ein »Füttern« wie bei der Honigbiene gibt es daher nicht. Es gibt daher bei den solitären Arten in der Regel keinen Kontakt zwischen den Generationen, die Nachkommen schlüpfen erst Wochen oder Monate nach dem Tod des Weibchens.

[4] 75 % aller Arten nisten im Erdboden. Hier können im Garten locker bewachsene, 50 – 100 cm tiefe Bereiche mit ungewaschenem Sand als wertvolle Nisthilfen dienen.

[5] Hier kommt es, ähnlich wie bei den Glasröhrchen mancher Beobachtungnistkästen, durch den unzureichenden Gasaustausch zu Bildung von Kondenswasser. Die Brut verpilzt und stirbt ab. Bei Arten, die luftundurchlässige Zwischenwände bauen (z. B. aus Harz), betragen die Verluste in Beobachtungsnistkästen häufig 100 %.

[6] In Deutschland kommen knapp 50 Arten vor.

[7] 30 °C. Bereits eine Temperatur von 45 °C würde zur tödlichen Überhitzung führen. In diesem Fall wird durch ein komplexes Gegenstromprinzip verschieden stark erwärmter Blutgefäße Wärme über den Hinterleib abgegeben.

[8] Manchen Arten beißen sich an Blattstielen, Gräsern und kleinen Zweigen fest. Kegelbienen, Wespenbienen, Filzbienen und Bastardbienen bilden auf diese Weise oft größere Schlafgemeinschaften.

[9] Etwa bei Lerchensporn und Eisenhut.

24

Leben am Limit – die Spitzmaus

Trotz seiner kolossalen Formen hat unser fetter Nachbarskater
– eine Kreuzung aus Brontosaurier und Katze – wieder einmal
erfolgreich zugeschlagen. Er deponiert sein frisch erbeutetes
Opfer dekorativ auf meinem verschneiten Sandbeet, schnup-
pert kurz daran und entfernt sich schließlich hoheitsvoll. Eine
Lieferadresse für dieses Jahr kann der Weihnachtsmann endgültig streichen.
Das Opfer übergewichtiger Jagdinstinkte ist diesmal eine
kleine Spitzmaus.
Ungeachtet ihres Namens sind Spitzmäuse systematisch gesehen keine »Mäuse«, sondern die artenreichsten[1] Vertreter
der Ordnung der Insektenfresser[2]. Ihr spitzzahniges Raub-
tiergebiss und die rüsselartige Schnauze unterscheiden sie
deutlich von den vegetarischen Nagetieren. Außer in Austra-
lien und großen Teilen Südamerikas kommen sie weltweit vor
und haben praktisch sämtliche Lebensräume erobert: von der
knochentrockenen Wüste (zum Beispiel die Graue Wüsten-
spitzmaus) bis zum klatschnassen Bach (zum Beispiel die einheimische Wasserspitzmaus). Durch das penetrant riechende
Sekret ihrer Haut-, Geschlechts- und Markierungsdrüsen ge-

hören Spitzmäuse zu den wenig nasenschmeichelnden »Stänkern«. Ihr durchdringender, moschusartiger Geruch ist auch die Ursache, warum häufig scheinbar unversehrte, aber trotzdem ausgesprochen tote Spitzmäuse gefunden werden. Jede Katze stürzt sich zwar mit Begeisterung auf den vermeintlichen Leckerbissen, nach erfolgreicher Jagd verschlägt es ihr dann aber den Atem und den Appetit. Damit ist die Spitzmaus sozusagen völlig für die Katz gestorben.

Aber selbst Gestank in Vollendung bietet keinen hundertprozentigen Schutz vor einer unfreiwilligen Besichtigung fremder Mägen, vor allem viele Eulenarten[3] sehen die Spitzmaus durchaus gerne auf ihrer Speisekarte, das gilt auch für Iltis und Steinmarder.

Die Etruskerspitzmaus[4] ist der Floh unter den Säugetieren. Mit einer Körperkürze von 4 cm und einem monströsen Gewicht von 2 g (das ist das Gewicht einer 1-Cent-Münze!) hält sie den Rekord als kleinstes Säugetier Europas. Die Männchen des Hirschkäfers, unserer größten einheimischen Käferart, wiegen ziemlich exakt das Doppelte! Es scheint völlig aberwitzig zu sein, dass ein Blauwal und dieser haarige Winzling nach dem gleichen Grundbauplan der Säugetiere gebaut sind. Originellerweise parasitiert der Maulwurfsfloh[5], mit 6 mm Länge der größte einheimische Floh, auch auf den winzigen Spitzmäusen. Bei gleichen Größenverhältnissen hätte ein Floh beim Menschen die kapitale Größe einer Wanderratte!

Die Gruppe der Spitzmäuse gliedert sich in zwei Großgruppen: die Weißzahn- und die Rotzahnspitzmäuse. Die roten Zahnspitzen der zweiten Gruppe sind nicht auf üppige Blutmahlzeiten á la Dracula, sondern auf eisenreiche, rot gefärbte Verbindungen im Zahnschmelz zurückzuführen. Rotkäppchen für Zahnärzte! Verglichen mit dem hyperaktiven Stoffwechsel der Rotzahnspitzmäuse wirkt der Mensch wie eine griechische Landschildkröte neben einem Gepard. Je kleiner ein Säugetier ist, desto größer wird seine Oberfläche im Verhältnis zum Volumen.[6] Durch die vergleichsweise riesige Körperoberfläche wird permanent ein Großteil der kostbaren Körperwärme nach außen abgestrahlt und verpufft nutzlos in der freien Wildbahn. Das Tier muss daher ununterbrochen auf Teufel komm raus »nachheizen«, um nicht innerhalb kürzester Zeit auszukühlen! Zusätzlich liegt die normale Körpertemperatur der Rotzahnspitzmäuse bei tropischen 39 °C. Dadurch können diese vierbeinigen Heizstrahler zwar extrem kalte Lebensräume besiedeln, aber der Preis ist hoch.[7]

Die Herzfrequenz der Rotzahnspitzmäuse liegt bei unglaublichen 500 bis 1.000 Schlägen pro Minute, das heißt maximal 17 Schlägen pro Sekunde! Bis zu zwei Jahre lang gnadenloses Dauervollgas, kein Rennwagenmotor der Welt würde diese Belastung überstehen.

Rotzahnspitzmäuse können sich daher weder einen Winterschlaf noch lange Ruheperioden leisten, sie müssen buchstäblich um ihr Leben fressen und bersten vor Aktivität. Eine Rotzahnspitzmaus, die ein gemütliches, mehrstündiges Schläfchen hält, würde sich beim Aufwachen neben einer winzigen Harfe und einem goldenen Schälchen mit Manna wiederfinden. Übergewicht ist eine Problematik, mit der diese Energiebündel nicht geschlagen sind. Die Spitzmaus ist Tag und Nacht, Sommer wie Winter auf den Beinen, unterbrochen nur von kurzen Ruhepausen. Bereits eine zweistündige Hungerperiode kann eine Waldspitzmaus bedrohlich schwächen. (Manche Menschen verhalten sich zwar ähnlich, hier fehlt dann allerdings jede biologische Grundlage!)

Alles, was der Spitzmaus vor die unablässig tastende, rüsselartige Schnauze kommt, wird sofort überwältigt und mit dem beeindruckenden Gebiss zerkleinert: Insekten, Insektenlarven, Regenwürmer, Spinnen, Weberknechte, Schnecken, Tausendfüßer, junge Mäuse und Aas, bei der Wasserspitzmaus auch Molche, Fischeier, Frösche und kleine Fische. Aus Sicht der Beutetiere muss diese winzige Fressmaschine wie ein Bandschleifer mit Zähnen wirken. Eine Rotzahnspitzmaus vertilgt täglich mehr als ihr eigenes Körpergewicht, säugende Weibchen brauchen noch einen extra Nachschlag.

Keine noch so raffinierte Tarnung und kein noch so perfektes Versteck verbergen die Beute vor dem hoch entwickelten Geruchssinn dieses Insektenfressers. Auch der Tastsinn der rüsselartigen, mit langen Tasthaaren (Vibrissen) versehenen Schnauze ist hervorragend, das wenig ausgeprägte Sehvermögen spielt nur eine untergeordnete Rolle. Das optimale Werbemedium für Spitzmäuse wäre daher vermutlich das Riechradio.

Um derartig gewaltige Mengen an Nahrung fast ununterbrochen verwerten zu können, wird auch bei der Verdauung der Turbo angeschmissen. »Input« und »Output« müssen sich die Waage halten, sonst käme es zu einem fatalen Transportstau in den Eingeweiden. Bei der Wasserspitzmaus ist die Nahrung nach zwei Stunden bereits zu 80 Prozent verdaut, eine Fähigkeit, die wir uns am Weihnachtsabend oft wünschen würden! Um den Verdauungsprozess noch zusätzlich zu beschleunigen, wird – empfindliche Gemüter bitte jetzt weghören – die Nahrung zwischendurch hochgewürgt, erneut durchgekaut und wieder geschluckt. Die erste Assoziation beim Thema »Wiederkäuen« ist in der Regel eine genussvoll kauende Kuh, dieses Bild lässt sich nur schwer mit diesen winzigen Hektikern in Einklang bringen.

In Regionen mit strengen Wintern (und entsprechend wenigen Kalorienlieferanten) wird es bedrohlich »eng«, die Spitzmaus kann ihren immensen Energiebedarf allein durch Ernährung nicht mehr decken. Höchste Zeit für einen genialen Trick!

Wieder einmal hat die Evolution hier einen Joker im Ärmel, die Spitzmaus zieht sämtliche physiologische Register. Zum einen gewinnt sie Wärme aus dem biochemischen Abbau des gespeicherten braunen Fettgewebes, sie verheizt ihre letzten, eisernen Reserven. Zum anderen finden massive Umbauprozesse im ganzen Körper statt, das Gewicht von Milz, Leber, Nieren, Gehirn[8] und Knochensubstanz wird verringert, lediglich das Herz bleibt weitgehend unverändert.[9] Das ganze System wirft »Ballast« über Bord, denn »weniger« Spitzmaus verbraucht auch weniger Energie, mit etwas Glück reichen die Reserven also noch bis zum Frühjahr[10].

Die Lebenserwartung der rotzahnigen Temperamentbündel beträgt durchschnittlich nur ein bis zwei Jahre, der mörderische Stoffwechsel fordert seinen Tribut.

Weißzahnspitzmäuse lassen die Sache in weiser Voraussicht etwas geruhsamer angehen: Durch die deutlich niedrigere Körpertemperatur von etwa 34 °C können die spitzzahnigen Jäger drei Gänge zurückschalten, wie bei allen Kleinsäugern ist der Stoffwechsel aber immer noch beeindruckend flott. Wenn sich im Verlauf einer Pechsträhne längere Zeit kein 0- bis 8-beiniges Protein blicken lässt, können die Tiere mehrere Stunden im Zustand der Lethargie »parken«, eine Art halbherziger Winterschlaf. Dabei wird der Stoffwechsel drastisch gedrosselt, Atem- und Herzfrequenz sinken in den Keller, die Körpertemperatur fällt auf frostige 18 °C.[11] Diese Sparschaltung kann, unabhängig von äußeren Einflüssen, innerhalb von 15 Minuten auf normale Werte hochgefahren werden und die Spitzmaus startet wieder voll durch.

Spitzmäuse sind nicht auf den Mund gefallen, sie haben ein reichhaltiges »Vokabular«[12] aus hohen, zwitschernden und trillernden Lauten. Der Mensch bekommt nur einen Bruchteil eines Spitzmauspalavers mit, der Ultraschallbereich bleibt abhörsicher. Mit diesen Frequenzen kann die Spitzmaus auf kurze Entfernungen – ähnlich wie die Fledermäuse[13] – anhand des reflektierten Echos ein »Hörbild« der näheren Umgebung erstellen und sich grob orientieren.

Die meisten Laute dienen der Kommunikation bei der Paarung oder der wüsten Beschimpfung von arteigenen Reviereindringlingen. Abgesehen von den kurzen Paarungszeiten sind Spitzmäuse rigorose Einzelgänger. Ihr mit Duftmarken gekennzeichnetes Territorium[14] verteidigen sie noch vehementer gegen eigene Artgenossen als Politiker. Die angeborene Aggression gegenüber Artgenossen ist ein gewisses Problem. Den potenziellen Geschlechtspartner erst einmal gewohnheitsmäßig brutal zu verbeißen, wäre einer romantischen Stimmung doch sehr abträglich. Ausgiebige Paarungsrituale, in denen die Sekrete der Geschlechtsdrüsen und ein intensiver »verbaler« Austausch eine Rolle spielen, verhindern wüste Keilereien zwischen den Geschlechtspartnern. Pro Jahr sind bis zu vier Würfe möglich, noch säugende Weibchen können bereits wieder trächtig werden. Dabei steigt der Energiebedarf wirklich ins Astronomische! Rotzahnspitzmäuse beschäftigen ihre Hebammen nicht über Gebühr, die Tragzeit ist mit durchschnittlich 20 Tagen etwa 10 Tage kürzer als bei den Weißzahnspitzmäusen.[15]

Eine typische Verhaltensweise junger Weißzahnspitzmäuse wurde lange Zeit ins Reich der Fabel verwiesen, die sogenannte »Karawanenbildung«[16]. Der Zoologieprofessor Hermann Landois hat diese Kuriosität um die Jahrhundertwende erstmals humorvoll als »Indenschwanzbeißungsgänsemarsch« beschrieben.

Wenn sich die Jungtiere zu weit vom Nest entfernen oder das Weibchen in ein anderes Nest umziehen will, setzt es sich demonstrativ unmittelbar vor ein Junges. Falls das Jungtier gerade völlig entrückt von fetten Engerlingen träumt, wird der Aufforderung durch Anstupsen oder leichtes Zwicken dezent Nachdruck verliehen. Dergestalt motiviert, beißt sich das erste Jungtier seitlich an der Schwanzwurzel des Weibchens fest. Das zweite Jungtier koppelt in gleicher Weise an das Erste, die restlichen Jungtiere schließen sich an. Kurzfristige, versehentliche »Verzweigungen« werden rasch wieder aufgelöst, schließlich bilden alle Jungen eine durchgehende Kette, die vom Weibchen angeführt wird. Fotos einer Spitzmauskarawane wirken auf den ersten Blick wie eine putzige, aber sehr unglaubwürdige Fotomontage. Das »In-Reih-und-Glied«-Marschieren hat etwas irritierend Menschliches, wirkt aber auch total drollig. Die »Anhänglichkeit« dieser Kettenreaktion ist erstaunlich, hebt man den Nachzügler am Schwanz hoch, baumelt die gesamte Mäusekette nach unten, ohne zu zerreißen. Im Nest angekommen, dreht sich das Weibchen im Kreis, die Jungen werden »aufgewickelt« und kommen so schnellstmöglich in die gewünschte Nestposition. Spätestens nach dem 21. Lebenstag verschwindet dieses ungewöhnliche Transportphänomen wieder völlig.[17]

Wer mit offenen Augen durch die Landschaft geht, kann ohne großen Aufwand eine der tödlichsten Fallen für Spitzmäuse entschärfen: weggeworfene Glasflaschen!

Insekten und andere Tiere, die verzweifelt versuchen, dem glatten Gefängnis zu entrinnen, wirken wie Köder auf die Spitzmaus. Der anschließende, üppige Schmaus im Inneren der Flasche ist zugleich auch die Henkersmahlzeit für das unfreiwillige Flaschenkind. Die glatten Innenwände bieten kaum Halt zum Klettern und der enge Flaschenhals macht erfolgreiche Sprungversuche fast unmöglich. Bei einer Studie in England fanden sich in 500 Flaschen insgesamt 787(!) Kleinsäuger, davon 68 Prozent Spitzmäuse.[18]

Alle einheimischen Spitzmausarten sind streng geschützt und bieten selbst militanten Ordnungsfanatikern unter den Gartenbesitzern keinerlei Anlass für einen Vernichtungskrieg.

Freuen Sie sich also, wenn Sie einmal die seltene Gelegenheit haben sollten, einen dieser hyperaktiven Turbojäger bei der Nahrungssuche zu beobachten.

Anmerkungen:

[1] Die Familie der Spitzmäuse *(Soricidae)* besteht aus 311 Arten. Dazu gehört die artenreichste Gattung aller Säugetiere: *Crocidura* mit 151 Arten. In Europa leben etwa 17 Spitzmausarten.

[2] Dazu gehören auch Igel und Maulwürfe, weltweit kommen noch die Tanreks (Zwergtanreks, Reistanreks, Otterspitzmäuse, Borstenigel), die Goldmulle und bei den Maulwurfartigen die Desmane und Spitzmausmaulwürfe dazu.

[3] Schleiereule, Waldkauz, Rauhfußkauz, Steinkauz und Waldohreule.

[4] *Suncus etruscus.*

[5] *Hystrichopsylla talpae.*

[6] Zur Veranschaulichung: Stellen Sie sich zwei riesige, kochend heiße Semmelknödel vor. Einen lassen Sie unversehrt, den anderen zerteilen Sie in 500 Stücke. Durch die große Oberfläche der Einzelstücke werden diese innerhalb kürzester Zeit auskühlen, während der unversehrte Knödel nach wie vor appetitlich warm bleibt.

[7] Die Zwergspitzmaus *(Sorex minutus)* kommt in Sibirien bis zum Nordpolarmeer vor. Die Wasserspitzmaus *(Neomys fodiens)* jagt auch noch unter einer geschlossenen Eisdecke. Bereits bei einer Umgebungstemperatur von 30 °C droht den Tieren der Hitzekollaps.

[8] Dieser Abbau ist sogar von außen zu erkennen, im Sommer ist der Hirnschädel einer Spitzmaus stark aufgewölbt, im Winter verflacht diese Wölbung.

[9] Dehnel'sches Phänomen.

[10] Bei der Waldspitzmaus *(Sorex aranaeus)* überleben zwei Drittel der Jungtiere den ersten Winter nicht.

[11] Bei einer Umgebungstemperatur von 20 °C beträgt die maximale Energieersparnis im Zustand der Lethargie 80 %.

[12] Hutterer (1976) entdeckte bei der Waldspitzmaus *(Sorex araneus)* mindestens 15 verschiedene Laute.

[13] Fledermäuse und die Gruppe der Insektenfresser (Igel, Maulwürfe, Spitzmäuse) haben sich aus gemeinsamen Insekten fressenden Vorfahren entwickelt, die Fledermäuse habe die Methode der Echolotung dabei perfektioniert.

[14] Bei der Waldspitzmaus *(Sorex araneus)* liegt der verteidigte Aktionsraum (home range) bei 200 – 800 Quadratmetern. Zum Vergleich: Bei Massenvermehrungen der Feldmaus *(Microtus arvalis)* liegt die höchste Individuendichte bei über 5 Exemplaren pro Quadratmeter!

[15] Die durchschnittliche Wurfgröße beträgt bei den Rotzahnspitzmäusen etwa 6 – 8, bei den Weißzahnspitzmäusen 5 Tiere.

[16] Bei der Gattung *Crocidura.*

[17] Hausspitzmaus *(Crocidura russula)* 7. – 21. Tag, Feldspitzmaus *(Crocidura leucodon)* 7. – 18. Tag, Gartenspitzmaus *(Crocidura suaveolens)* 5. – 12. Tag.

[18] Bei einer anderen Studie in Virginia, USA, wurde geschätzt, dass pro Straßenkilometer und Jahr 24 – 71 Kleinsäuger den Flaschentod sterben.

Sumoringer der Lüfte – die Hummel

Frühling, endlich Frühling! Die Sonne zeigt sich verschämt, als wäre sie ein steckbrieflich gesuchter Massenmörder, aber immerhin lässt sie sich endlich blicken. Ihre schüchternen ersten Strahlen tun unendlich gut. Nur noch im tiefsten Schatten liegen einige unbelehrbare Schneefitzelchen, die sich beharrlich weigern, das Zeitliche zu segnen. Nützt ihnen aber nichts! Für dieses Jahr ist endgültig Schluss!

Ich stehe unternehmungslustig vor unserem Staudenbeet, das einem Vertreter der GTB-Fraktion (Gartenzwerge-Thuja-Blautannen) Tränen des Mitleids in die Augen treiben würde. Meterhohe abgestorbene Karden verbreiten ihren stachligen Charme. Die Breitblättrige Platterbse, ein bewährter sommerlicher Heckengipfelstürmer, liegt in schlaffen Spiralen am Boden oder hängt ausgepumpt in den dürren Ästen des Johanniskrauts. Welke Stängel, dürres Gras und Laub bedecken den Boden. Kein preisverdächtiges Panorama, aber ein beliebter Überwinterungsort für Insekten und Spinnen. Jetzt, wo sich das Leben langsam wieder regt, wird es Zeit für den Frühjahrsputz.

Ein Wolfsspinnenweibchen nimmt ein Sonnenbad auf der aufgeheizten Streu. Sie ist noch weit entfernt von ihrer optimalen Betriebstemperatur und bewegt sich erst einmal nur in Zeitlupe. Die Koordination von acht klammen Beinen ist eine beachtliche Leistung, viele Tanzkursabsolventen strecken schon bei der Koordination von zwei Beinen die Waffen. Drei Zentimeter Luftlinie von der Spinne entfernt putzt sich eine kleine Fliege hingebungsvoll. Sicher ein Weibchen! 10 °C mehr und sie würde sich vorwarnungslos in den ewigen Jagdgründen wiederfinden.

Wolfsspinnen[1] bauen keine Netze, sondern jagen ihre Beute im Sprung. Der Biss erfolgt so blitzartig, dass man ihn nie

richtig mitbekommt. Verglichen mit einer hungrigen Spinne hat der Mensch Reaktionszeiten wie ein tiefgefrorenes Faultier.

Im Sommer sieht man häufig Wolfsspinnenweibchen, die ihren Kokon an den Spinnwarzen mit sich herumtragen, das Spinnenäquivalent zum Kinderwagen. Kurz vor dem Schlüpfen reißen die Spinnenmütter das Kokongespinst mit den Kieferklauen auf, ohne diesen »Kaiserschnitt« wären die Jungspinnen nicht in der Lage, den Kokon zu verlassen. Sofort nach dem Schlüpfen versammeln sich bis zu 100 Wolfsspinnenwinzlinge in einem mehrlagigen »Gewusel« auf dem Hinterleib der Mutter. Während der nächsten acht Tage huckepack leben sie ausschließlich von ihrem Dottervorrat, danach zerstreuen sie sich in alle Winde. Spätestens ab diesem Zeitpunkt ist es für eine Jungspinne taktisch sehr unklug, ihrer Mutter vor die Kieferklauen zu kommen, denn in diesem Falle ginge auch Mutterliebe durch den Magen!

Der nächste Akteur, der nun dröhnend die Bühne betritt, hat vor einer Wolfsspinne nicht zu fürchten.

Eine kapitale Hummelkönigin[2] brummelt im sonoren Bass um die Blüten der Purpurroten Taubnessel, eine der wenigen Nektarbars, die zu dieser Jahreszeit bereits geöffnet hat.[3] Bereits bei einer Außentemperatur von schauerlichen 2 °C[4] schaffen es Hummeln – im Gegensatz zu anderen Insekten –, ihre Körpertemperatur konstant bei etwa 35 °C zu halten. Dadurch gelingt es ihnen, auch so anheimelnde Biotope wie die Arktis[5] und das Hochgebirge zu besiedeln. Eine Honigbiene, die verrückt genug ist, bei solchen Horrortemperaturen den Fuß vor den Stock zu setzen, entwickelt bestenfalls die Flugfähigkeiten einer Miesmuschel.[6] Bestäubungen bei nasskaltem Frühjahrssauwetter gehen daher zu einem Großteil auf das Konto der unermüdlich fliegenden Hummeln. Die häufig zu lesende Behauptung, eine Hummel könne gemäß den Gesetzen der Aerodynamik nicht fliegen, ignoriere diese Tatsache aber kaltschnäuzig, ist ebenso hübsch wie falsch. Die Flügel einer Hummel funktionieren nicht wie starre Tragflächen, sondern gleichen eher den kreisenden Rotoren eines Hubschraubers, insofern gelten hier völlig andere aerodynamische Formeln.

Hummeln sind zwar, wie alle Insekten, nur wechselwarm[7], dennoch haben sie eine geniale Form der »Heizung« entwickelt, die sie bis zu einem gewissen Grad unabhängig vom Wetterbericht macht: Sie lassen die Muskeln spielen!

Verglichen mit der mächtigen Flugmuskulatur einer Hummel wirkt Schwarzenegger wie ein Magersüchtiger, der gesamte Brustabschnitt des Insekts ist vollgepackt mit Muskeln. Wenn sich die Muskeln kräftig kontrahieren, bewegen sich die Flügel und die Hummel fliegt. Logisch!

Nicht unbedingt logisch scheint dagegen die Fähigkeit der Hummeln, die Flügel auszukoppeln!

Bildlich gesprochen gibt die Hummel Vollgas, bis die Flugmuskeln aufröhren, tritt dabei aber gleichzeitig voll auf die Kupplung.[8] Und schon wird's mollig warm! Ab 30 °C ist die minimale Betriebstemperatur[9] für den Flug erreicht, die Hummel lässt die Kupplung kommen und ab geht's.[10] Der gleiche Mechanismus wird auch eingesetzt, um die Brut zu wärmen und die optimale Nesttemperatur von etwa 30 °C zu erreichen[11]. Eine »Glatze« auf der Unterseite des sonst dicht behaarten Hinterleibs dient als Kontaktfläche zur Wärmeabgabe an die Brutzellen. In einer kalten Nacht wird dabei oft die komplette tagsüber gesammelte Nektarmenge verheizt. Von der Energiebilanz her gesehen ist das Ganze ein ziemliches Fiasko, vor allem bei tiefen Außentemperaturen. Allein der Flug – ohne Zusatzheizung – verschlingt 0,07 mg Zucker pro Minute, bei einem Körpergewicht von 200 mg. Ein 70 kg schwerer Mensch würde bei gleicher Stoffwechselrate 1,5 kg Zucker pro Stunde verheizen.[12] Und das, ohne zuzunehmen!

Eine Hummel kann sich keine Ölkrise leisten, der Nektar muss fließen, um jeden Preis.

Die ersten Arten erscheinen schon im März, bei unserem Klima eine riskante Angelegenheit. Die Hummelkönigin besitzt nach der Paarung im letzten Herbst lediglich genug Spermareserven für den Rest ihres Lebens. Nestgründung und die Pflege der Brut bis zum Schlüpfen der ersten Arbeiterinnen muss sie mutterseelenallein organisieren. (Gäbe es eine Hummelgewerkschaft, würde sie wohl wegen lausiger Arbeitsbedingungen permanent zum Streik aufrufen.) Die Königin benötigt daher ausreichend Pollen und Nektar, um die Brut und sich selbst zu ernähren, das Nest zu wärmen und Sammelflüge durchzuführen. Wenn die ersten Trachtpflanzen (Purpurrote Taubnessel, Weidenkätzchen, Johannisbeere und Stachelbeere) nicht in ausreichender Menge zur Verfügung stehen oder ein massiver Kälteeinbruch erfolgt, wird's knapp!

Eigentlich wollte ich meine Johannisbeersträucher schon vor die Tür setzen, bis ich zufällig von ihrer Bedeutung für die Hummel-Airlines erfuhr.

Die Hummel brummelt emsig weiter in Richtung Johannisbeerstrauch, frisch aufgetankt mit Taubnesselnektar. Time is honey!

Da sie sich nicht mehr für Spalten und Mauselöcher, sondern in erster Linie für Treibstoff interessiert, hat sie bereits irgendwo eine Kolonie[13] gegründet, die sie jetzt versorgen muss. Unserem sündteuren Holzbetonhummelnistkasten, den wir vor Jahren fürsorglich aufgestellt haben, gönnt sie daher keinen Blick. Banausin!

Dabei war er jedes Jahr erfolgreich besetzt. Im letzten Sommer diente er zum Beispiel einer Maus als luxuriöse Residenz. Und das bei bester Verpflegung, wie drei Hände voll aufgenagter Kerne bewiesen. Im Jahr davor verlebte eine Ameisenkolonie ungestörte Monate, ohne dass ständig jemand in ihr Wohnzimmer latschte.

Das ist das Nette an einem naturnahen Garten: Natur ist eigensinnig und interessiert sich oft nicht die Bohne für unsere liebevolle Planung.

Dieses Frühjahr möchte ich endlich einen der haarigen Nektarjäger als Mieter. Eberhard von Hagen gibt in seinem Buch einen präzisen Schlachtplan zum Ansiedeln von Hummelköniginnen. Der Nistkasten ist hummelgerecht möbliert, das Fernglas parkt auf dem Fensterbrett und das klassische Fanggerät eines Hummeljägers, die Klopapierpapprolle, steht im Vorhaus auf Abruf bereit. Naturgrau, von Aldi.

Halali!

Anmerkungen:

[1] Familie *Lycosidae:* Wolfsspinnen waren ursprünglich Netzspinnen, die sich im Verlauf der Evolution zu frei jagenden Spinnen entwickelt haben. Bei uns kommen etwa 40 Arten vor. Während der Paarung vollführen die Männchen arttypische Balztänze vor den Weibchen. Am bekanntesten sind die gefürchteten (aber völlig harmlosen!) großen Taranteln der Mittelmeerländer.

[2] In Europa existieren 63 Hummelarten, in Deutschland 25 – 29 Arten (die Angaben schwanken). Regional können jeweils deutlich weniger Arten vorkommen.

[3] Eine andere ganz entscheidende Trachtquelle (auch für viele andere Wildbienen) sind die Blütenkätzchen der Weiden.

[4] In der Arktis und im Hochgebirge wurden fliegende Hummeln schon bei minus 3 °C und im Schneeregen gesichtet.

[5] Das nördlichste Vorkommen einer Hummelart liegt nur noch 900 km vom Nordpol entfernt.

[6] Unterhalb von 16 °C findet bei der Honigbiene keinerlei Sammelaktivität statt.

[7] Die Körpertemperatur hängt – ähnlich wie bei Reptilien und Amphibien – fast ausschließlich von der Umgebungstemperatur ab.

[8] Der dritte Axillarmuskel, ein sehr kleiner Muskel der Gesamtflugmuskulatur, überträgt in kontrahiertem Zustand die Kraft der großen Flugmuskeln auf die Flügel. In erschlafftem Zustand wird die Verbindung unterbrochen.

[9] Das Maximum liegt bei 44 °C. Höhere Temperaturen verändern die räumliche Struktur der Enzyme, riesige Proteinmoleküle, die als »Werkzeuge« im Stoffwechsel funktionieren. Körpertemperaturen jenseits von 45 °C sind bereits tödlich.

[10] Die durchschnittliche Schlagfrequenz liegt bei etwa 200-mal in der Sekunde.

[11] Ins Nest eingetragenes trockenes Gras und Moos dienen zusätzlich als schützende Isolation, zusätzlich wird das Nest durch einen Wachsbaldachin abgeschirmt und isoliert.

[12] Derartige Vergleiche hinken natürlich aufgrund der unterschiedlichen Stoffwechselvorgänge ein bisschen.

[13] Ähnlich wie viele Wespenarten und die Honigbiene bilden Hummeln Staaten. Die Volkstärke schwankt dabei von minimal 50 Individuen (langrüsselige Arten) bis maximal 600 Individuen (kurzrüsselige Arten). Je nach Art erscheinen die ersten Königinnen Anfang April bis Mitte Mai.

Immer auf dem Sprung
– die Zebraspringspinne

Das von der Frühlingssonne aufgeheizte »Solarium« meiner Balkonwand lockt die ersten Untermieter an. Eine Kohlschnake, die fast nur aus Beinen und Flügeln zu bestehen scheint, tankt genüsslich Wärme. Wenige Zentimeter unter ihr nähert sich in Zeitlupe ein zweiter Besucher, der ganz offensichtlich Anschluss sucht: eine Zebra- oder Harlekinspringspinne[1]. Knapp 250 Jahre nach ihrer Erstbeschreibung[2] erlebte diese Art als Spinne des Jahres 2005 ihr großes Comeback. Wenn es eine Spinnenart mit »Kindchenschema« gibt, dann diese! Kurze, kräftige Beine, ein kleiner kompakter Körper (5 bis 7 mm) im fröhlichen schwarz-weißen Zebra-Look und riesige Mittelaugen. Einfach putzig!

Der Anblick einer Zebraspringspinne löst häufig sogar bei den Menschen Toleranz aus, die andere Spinnenarten im Regelfall »schlagartig« aus einer dreidimensionalen in eine zweidimensionale Form überführen, oder ihnen mit dem Staubsauger zu Leibe rücken.

Ohne auf die empörten Aufschreie (sowohl von Seiten der Spinnen wie auch der Insekten) zu achten, werden Spinnen in systematischer Hinsicht oft gnadenlos in einen Topf mit den Insekten geworfen.

Bitte tun Sie das nicht, sonst sind beide Seiten beleidigt! Hier ganz kurz die wesentlichsten Unterschiede:

1. Spinnen haben acht Beine, Insekten sechs.[3]
2. Bei Insekten besteht der Körper aus Kopf, Brust und Hinterleib.[4] Spinnen sind genügsamer, bei ihnen verschmelzen Kopf und Brust zum Kopfbruststück[5].
3. Spinnen haben weder Fühler noch Flügel.
4. Statt der Komplexaugen (Facettenaugen) der Insekten besitzen Spinnen »einfache« Punktaugen, die aber – etwa im Falle der Springspinnen – hoch entwickelt sein können.

Springspinnen[6] sind mit etwa 4.500 Arten die größte Familie der Webspinnen[7]. Sie bauen keinerlei Fanggespinste, in denen sie auf Beute lauern, sondern jagen ihre Beute aktiv im Sprung, die »Raubkatzen« unter den Spinnen.

Während netzbauende Arten von ihrer Beute im wahrsten Sinn des Wortes »erschüttert« werden, werfen Springspinnen ein Auge auf ihr Mittagessen. Genau genommen sogar alle acht! Nachts könnte eine Springspinne buchstäblich über eine Fliege stolpern, ohne sie in die Kategorie »Mitternachtsimbiss« einordnen zu können (anständige Springspinnen schlafen aber um diese Zeit längst). Auch bei Springspinnen gilt also: Das Auge isst mit bzw. ohne Auge isst man überhaupt nicht!

Der ursprüngliche Lebensraum der Zebraspringspinnen waren sonnige Trockenrasen mit eingelagerten Felsen und Steinen. Netterweise hat ihr der Mensch mit Hausmauern und Zaunpfählen, auf denen Fluginsekten sonnenbaden, ein optimales neues »Buffet« geschaffen. An sonnigen Tagen kann man die kleinen, gestreiften Jäger überall mitten im Siedlungsbereich bei der »Arbeit« beobachten, als flexible Kulturfolger des Menschen werden sie auch in Zukunft sicher nicht zu den bedrohten Arten gehören, ein beruhigender Gedanke!

Die Zebraspringspinne ist ein typischer Sonnenanbeter, bei schlechtem Wetter zieht sie sich in ein sackartiges Wohngespinst in Spalten und Ritzen zurück und hofft dort auf ein Einsehen der Wetterfrösche.[8] Auf meinem Balkon hat sie sich ausgerechnet eines der Löcher in meiner Wildbienennisthilfe als Schlechtwetterdomizil ausgesucht. Nun ja, so lange die Wildbienen nichts von ihrer neuen Nachbarin ahnen!

Springspinnen können sich auch auf einer schrägen Glasscheibe mühelos fortbewegen, ohne abzustürzen. Saugnäpfe? Krallen? Klebstoff? Nichts von alledem. Die Geländegängigkeit ist im wahrsten Sinn des Wortes eine »haarige« Angelegenheit. An den Endgliedern der Beine befinden sich spezielle Hafthaare[9], mit denen die Spinne einen innigen Kontakt zum Untergrund herstellen kann.[10]

Eine rasierte Spinne hätte also echt schlechte Karten beim Klettern! Aus diesem Grund strandet die kapitale Winkelspinne[11], der düstere, langbeinige Schrecken jeder ehrbaren deutschen Hausfrau, immer wieder hilflos am Grunde von Badewannen. Dort wartet sie dann schicksalsergeben auf erbitterte arachnophobische Vernichtungsattacken der Badewannenbesitzer. Bei dieser Art sind die Hafthaare kaum entwickelt, deshalb kann sie der glattwandigen Falle nicht mehr entrinnen. Den vielfach größeren und schwereren Vogelspinnen würde es dagegen problemlos gelingen, sie schwelgen geradezu in Haaren.

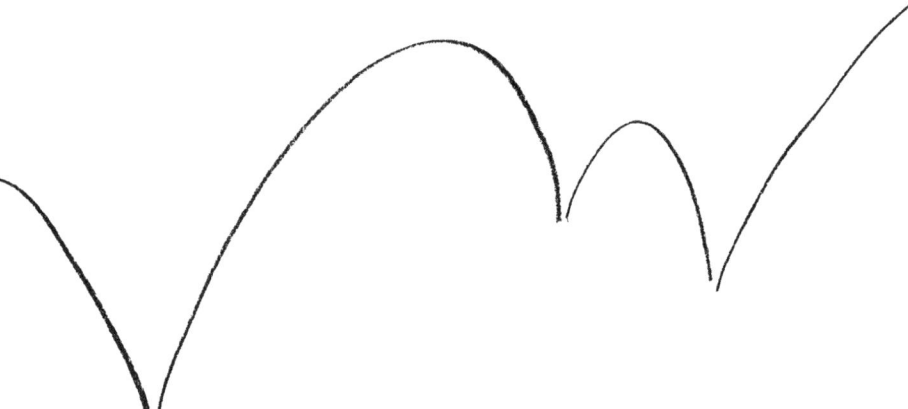

Für uns ist Haarausfall (abgesehen von der Wirkung auf das männliche Ego) schlimmstenfalls lästig, für Spinnen wäre es fast ein Todesurteil. Ohne Haare läuft absolut nichts im Spinnenreich! Spezialisierte Haare dienen als Tastsinnesorgane, zur Wahrnehmung von Luftschwingungen und Vibrationen und als Chemorezeptoren zur Verarbeitung von Duft- und Geschmacksreizen.

Beim Beutefang nähert sich die Zebraspringspinne ihrem Opfer bis auf wenige Zentimeter, bevor sie es zielsicher im Sprung packt.[12] Die ruckartige Streckung des dritten und vierten Beinpaars beim Sprung erfolgt erstaunlicherweise nicht über Muskeln, sondern »hydraulisch«. Stellen Sie sich zur Veranschaulichung einen wurstförmigen Luftballon vor, der nur zu drei Vierteln aufgeblasen ist und daher etwas vor sich hin »schlappt«. Sobald Sie auf ein Ende treten, verkleinern Sie das Volumen, erhöhen damit den Innendruck und der Ballon streckt sich wieder knackig prall. Die Springspinne macht es ähnlich!

Natürlich kann sie sich nicht selbst auf den eigenen Hintern treten, daher löst sie dieses Problem etwas eleganter. Muskeln im Kopfbruststück der Spinne ziehen dieses ruckartig zusammen, das heißt, die Spinne wird »flacher«, ähnlich wie beim Luftballon kommt es zu einem plötzlichen Druckanstieg und somit zu einer rasanten Streckung der Beine. Mit diesem System kann die Spinne ihre Sprungweite auf den Millimeter genau steuern, Fehlsprünge sind sehr selten.

Warum einfach, wenn's auch umständlich geht?

Springspinnen überwältigen auch Beutetiere, die um ein Vielfaches größer sind als sie selbst. Beim Beutefang folgen sie dem alten arabischen Leitmotiv: »Vertrau auf Allah, aber binde dein Kamel gut an!«

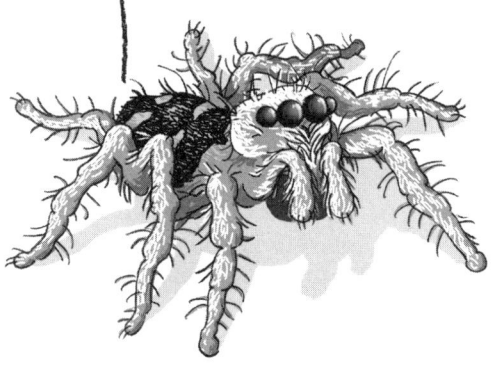

Vor jedem Sprung heftet die Spinne deshalb vorsichtshalber einen Sicherungsfaden an den Untergrund, an dem sie sich im Falle eines Absturzes zurückhangeln kann. »Bungeejumping« ist also keineswegs eine neue Erfindung.

Auffällig sind die großen Augen einer Springspinne.[13] Die überdimensionierten, scheinwerferartigen Mittelaugen funktionieren ähnlich wie ein Teleobjektiv, sie liefern einen schmalen, aber stark vergrößerten Bildausschnitt. Man will ja schließlich genau sehen, was da gleich auf dem Teller landet.

Die Bewegung der Beute wird zunächst über die seitlichen Augen registriert, die als »Bewegungsmelder« einen relativ großen Ausschnitt überwachen. Die Spinne wendet sich sofort gezielt in Richtung Beute und fängt dabei vermutlich schon an, ihr Tischgebet anzustimmen. Da die Hauptaugen nur einen kleinen Bildausschnitt liefern, müsste die Spinne permanent die Augen bewegen, um die sich bewegende Beute immer in der Bildmitte und damit dem Ort des schärfsten Sehens zu halten. Funktioniert aber nicht! Die Augen sind fest im starren Chitinpanzer eingebettet und rühren sich keinen Millimeter. Mist!

Hier greift die Natur wieder mal zu einem genialen Trick. Das Auge selbst ist zwar unbeweglich, aber die Netzhaut kann über Muskeln in alle Richtungen bewegt werden. Diese Bewegung ist von außen als ein leichtes »Flackern« in den Augen zu erkennen (vorausgesetzt, Sie nutzen jemals die Gelegenheit einer Spinne derart tief in die Augen zu schauen …).

Wenn Männer ähnliche Fähigkeiten besäßen, könnten sie am Arm der geliebten Gattin durch die Stadt wandeln und dabei ungefährdet den Anblick reich gekurvter Minirock-Schönheiten genießen, ohne sich durch auffällige Kopfdrehungen zu verraten.[14]

Das ganze Leben einer Springspinne wird fast nur von optischen Reizen bestimmt. Dies lässt sich sehr anschaulich demonstrieren, wenn man ein Springspinnenmännchen mit seinem Spiegelbild konfrontiert. Es wird sofort die typische

»Scher-dich-aus-meinem-Revier-du-Penner«-Drohstellung einnehmen, die ausschließlich arteigenen, fremden Männchen vorbehalten ist.

Bei der Balz nähren sich die Springspinnenmännchen mit den auffällig großen, weit gespreizten Kieferklauen in einem Zickzacktanz den Weibchen, häufig werden auch die auffällig gefärbten Vorderbeine zur Signalgebung eingesetzt. Der Sinn dieser Balz ist einleuchtend, eine Paarung wird schließlich stark erschwert, wenn man schon vorher im Verdauungstrakt der Geliebten landet. Sich eindeutig von einer willkommenen Zwischenmahlzeit abzugrenzen und inbrünstige Paarungsbereitschaft zu signalisieren, ist daher lebensnotwendig.

Entgegen der weit verbreiteten Meinung überleben bei den weitaus meisten Spinnenarten die Männchen die Paarung unversehrt, durch ihre kürzere Lebenserwartung sterben sie aber schon kurz hinterher.[15]

Radnetzspinnenmännchen können manchmal im Eifer des Gefechts einige Beine einbüßen, verblüffenderweise werden sie dadurch in ihrer Fortbewegung kaum behindert. Sie schalten kurzerhand auf ein modifiziertes Laufprogramm um, das die fehlenden Beine kompensiert und einen neuen Laufrhythmus vorgibt. Jeder menschliche Tanzkursfrischling würde hier vor Neid erblassen!

Mein Springspinnenweibchen hat sich der Kohlschnake inzwischen auf Sprungweite genähert und tupft bereits die Spinnwarzen auf, um den Sicherungsfaden zu fixieren.

Mahlzeit!

Genau in diesem Moment hebt das geflügelte, als Mittagessen eingeplante Insekt boshafterweise schnarrend ab und verschwindet uneinholbar in der Ferne. Wieder mal eine Pirsch völlig für die Katz! Wahrscheinlich gibt es einige deftige Arachnoidenflüche für solche Fälle, zum Beispiel »Möge der Fliegenschimmel[16] deine Eingeweide zerfressen!«.

Aber der Tag ist noch lang, und die Wand verlockend warm, das nächste geflügelte Hauptgericht wird sich früher oder spä-

ter einfinden. Nachdem Spinnen auch wochenlange Hungerperioden problemlos überstehen können, habe ich gute Chan-
cen, den kleinen Jäger künftig regelmäßig auf meinem Balkon
anzutreffen.

Waidmannsheil, meine Kleine!

Anmerkungen:

[1] *Salticus scenicus.* Da die geschlechtsreife Spinne überwintert, kann man sie oft schon an den ersten warmen Frühjahrstagen beim Sonnen und Beutefang beobachten.

[2] Clerck, 1775.

[3] Für Männchen nach der Paarung gilt diese Angabe bei einigen Arten nicht uneingeschränkt.

[4] Caput, Thorax, Abdomen.

[5] Prosoma, der Hinterleib wird als »Opisthosoma« bezeichnet.

[6] *(Salticidae:* [salticus = hüpfend, tanzend]). Ihr Verbreitungsschwerpunkt liegt in den Tropen, in Mitteleuropa kommen etwa 80 Arten vor.

[7] »Web«spinne leitet sich dabei nicht von »World Wide Web«, sondern von »weben« ab.

[8] Auch Häutung, Eiablage und Überwinterung erfolgen in diesem Gespinst.

[9] Scopula.

[10] Jedes einzelne Haar ist in Tausende feinster Cuticulafortsätze aufgegliedert, die ihrerseits wieder in winzigen »Endfüßchen« auslaufen. Auf diese Weise kann die Spinne eine geradezu astronomisch hohe Anzahl an Kontaktpunkten zum Untergrund herstellen. Die eigentliche Haftwirkung beruht vermutlich auf Adhäsionskräften zwischen den Endfüßchen und dem ultradünnen Wasserfilm, der sich praktisch auf jedem Substrat befindet.

[11] *Tegenaria.*

[12] Bei Fluchtreaktionen kann sie sogar bis zum 25-fachen der eigenen Körperlänge in einem Satz zurücklegen. Bei meiner Körperkleine von 165 cm müsste ich immerhin 41 m weit springen, um eine vergleichbare Leistung zu erzielen.

[13] Bei den Springspinnen sind sie in drei Reihen (4-2-2) angeordnet. Die Stellung der Augen ist eine wichtige Hilfe bei der systematischen Zuordnung.

[14] Die Evolution arbeitet fieberhaft an dieser Entwicklung! Bestellungen werden bereits entgegengenommen, Lieferung dann in etwa 10 Millionen Jahren. Mengenrabatte bei Sammelbestellungen sind durchaus möglich.

[15] Gerade die legendäre »Schwarze Witwe« *(Latrodectus mactans)* macht ihrem Namen überhaupt keine Ehre. Bei einem hungrigen Weibchen kann es zwar durchaus passieren, dass das Männchen als Beute betrachtet wird, dann kommt es allerdings auch nicht zur Paarung.

[16] *Entomophthora muscae.*

Ritter der Finsternis – die Assel

Hab ich dich!

Das Auge fest an den Sucher gepresst, verfolge ich ein frühlingshaft ergrüntes Florfliegenweibchen auf seinem ziellosen Weg über unsere Wellblechgarage. Nach einigen geschickten Täuschungsmanövern hat es endlich beschlossen, sich in einer angemessen würdigen fotogenen Pose niederzulassen. Digitalkameras sind zwar eine feine Sache, aber die Aufnahme von bewegten Objekten kann aufgrund der endlosen Auslöseverzögerung ziemlich nervtötend sein.

So, noch ein letzter Schritt zur Seite, damit sie wieder voll im Bilde ist, und Mama Florfliege verwandelt sich in viele kleine, nette Bytes für meine Website … Autsch!

Verdutzt reibe ich mir das Schienbein. Der Blumentopf, der sich böswillig in meinen Weg geworfen hat, eiert einige Male frustriert hin und her und kommt dann langsam zur Ruhe. Seine Mieter, drei halbstarke Natternkopfpflänzchen, haben jetzt vermutlich alle eine Gehirnerschütterung.

Die Sonne bescheint ein hektisches Gewimmel, das genervt versucht, der plötzlichen hereinbrechenden Helligkeit zu entrinnen.

Asseln!

Na gut, warum nicht, dann eben ein Asselporträt!

Um undefinierbares »Gewusel« im Garten wenigstens grob systematisch einordnen zu können, gibt es einen genialen Trick: Beine-Zählen! Diese »Zeigt-her-eure-Füßchen«-Statistik führt in der Regel zu drei möglichen Ergebnissen: sechs, acht oder haufenweise Beine.

Bei den Sechsbeinern handelt es sich um Vertreter der unendlich vielfältigen Insektenwelt: Käfer, Wanzen, Ameisen, Fliegen, Mücken, Wespen, Bienen, Hummeln, Schmetterlinge, Blattläuse, Libellen, Ohrwürmer, Läuse, Grillen, Zikaden und viele andere mehr.

Acht Beine sind ein Merkmal der Spinnentiere. Dazu gehören unter anderem die »echten« Spinnen (also all jene Arten, die die Hausfrau in Angst und Schrecken versetzen), Skorpione, Weberknechte, Milben und Zecken.

»Viele« Beine führen uns schließlich zu den Tausendfüßern, ein Sammelsurium aus verschiedenen Ordnungen, deren noch unklare verwandtschaftliche Stellung zueinander immer wieder zu erbitterten Blutsfehden und Duellen zwischen den einzelnen zoologischen Systematikern führt.

Wenn Sie auf ungerade Beinzahlen stoßen, können Sie das getrost ignorieren, dabei handelt es sich praktisch immer um Überlebende irgendwelcher Katastrophen. Sei es nun ein siebenbeiniges Spinnenmännchen nach der Paarung mit einem schlecht gelaunten Weibchen, sei es eine fünfbeinige Ameise nach einer bein-harten Auseinandersetzung mit einem fremden Ameisenvolk.

Nun gut, dann wollen wir doch mal sehen, zu welcher Gruppe du gehörst, meine kleine Assel. Hey, könntest du bitte mit diesem albernen Gezappel aufhören, da kann sich doch kein Mensch konzentrieren. Danke!

Das wären dann zusammen vierzehn Beine.[1]

Wie bitte!?

Was um alles in der Welt ist das denn für ein haarsträubendes Ergebnis? Soll ich dir sechs Beine ausreißen und dich bei den Spinnentieren ansiedeln?

In welche Schublade der zoologischen Systematik gehörst denn du?

Es mag Sie überraschen, aber mit einiger Wahrscheinlichkeit haben Sie bereits Asselverwandte auf Ihrem Teller gehabt: Schrimps, Garnelen, Hummer, Krabben.

Asseln gehören zu den Krebstieren, haben sich aber für eine ganz spezielle ökologische Nische entschieden. Als einzige Vertreter der einheimischen Arten dieser wasserbewohnenden Gruppe haben sie es geschafft, das feste Land zu erobern.[2] Wie es sich für einen anständigen Krebs gehört, atmen Asseln

mit Kiemen. An Land! Eine Forelle, die das versuchen würde, hätte sehr schnell ein Problem und danach nie wieder welche. Kiemen sind, vereinfacht ausgedrückt – alle Physiologen
mögen jetzt bitte weghören – vielfach aufgefältelte, dünnhäu-
tige, reich durchblutete Ausstülpungen der Körperwand, an
denen der Gasaustausch stattfindet. Was unsere Lungen im
Körperinneren leisten, leisten Kiemen an der Körperaußen-
seite.

Und wo um alles in der Welt sitzen bei der Assel nun diese
Kiemen?

Jeder Krebs würde diese Frage mit einem zutiefst ver-
wunderten Kopfschütteln beantworten: »Blöde Frage, an den
Beinen natürlich, wo denn sonst?« Aber selbst wenn Sie alle
vierzehn Beine einer Assel stundenlang unter dem Stereo-
mikroskop durchforsten, werden Sie nicht einmal den Hauch
einer Kieme finden.

Die Natur erweist sich hier wieder einmal als sehr erfinde-
risch.

Asseln haben weitere fünf Paar Gliedmaßen, die sogenannten »Hinterleibsfüße«[3]. Sie sind abgeflacht, stark umgebildet

50

und liegen dachziegelartig übereinander an der Unterseite des Hinterleibs. Rollschuhlaufen kann die Assel mit diesen extrem spezialisierten Gliedmaßen nicht, denn diese tragen nur die Kiemen und stehen ausschließlich im Dienste der Atmung. Wenn Sie einer Assel hier ans Schienbein treten, bekommt sie also vermutlich Atemprobleme und auch Fußpilz wäre fatal an dieser Stelle.

Die Kiemen müssen – auch bei der an Land lebenden Assel – immer mit einem dünnen Wasserfilm überzogen sein, ohne dieses »Fußbad« erstickt die Assel. Das erklärt auch die Vorliebe der Asseln für dunkle, feuchte Orte. Außerdem besitzen sie ein geniales Wassertransportsystem. Jeder Tropfen auf dem Rückenpanzer einer Assel scheint sich auf geheimnisvolle Weise in Luft aufzulösen. Das scheint aber nur so! Schmale Spalten zwischen den Körpersegmenten saugen das Wasser kapillar nach unten, am Bauch wird es über schmale Rinnen direkt zu den Kiemen geleitet. Ein integrierter Fließend-Wasser-Anschluss!

Eine augenfällige Gemeinsamkeit der Assel mit ihrem großen Bruder Hummer ist das massiv gepanzerte Außenskelett aus breiten, gürtelartigen Segmenten. Diese mit Kalkeinlagerungen[4] verstärkten Chitinplatten sind erstaunlich robust. Wenn sich Kreuzspinnen an einer Fliege gütlich tun, bleibt nur ein undefiniertes Kügelchen aus zerkrachten Chitinplättchen übrig. An einer Assel würde sich jede Spinne die Zähne – Verzeihung, die Kieferklauen[5] – ausbeißen, deshalb saugt sie nach dem Einspeicheln mit Verdauungssekret das aufgelöste Innere wie einen Milchshake auf, die »Rüstung« bleibt dagegen im Stück und völlig unversehrt zurück. (Wovon die Assel in diesem Fall zugegebenermaßen nichts mehr hat.) Befruchtete Weibchen häuten sich, dabei bildet sich an der Unterseite der Assel ein Brutbeutel aus Chitin, in den die Eier abgelegt werden.[6] Vor Austrocknung und Feinden geschützt, können sich die Eier hier in aller Seelenruhe entwickeln, nach 40 bis 50 Tagen schlüpfen dann die Jungen.[7]

Die auffallend glatte und glänzende Rollassel[8] hat diese Rüstung perfektioniert. Bei Bedrohung oder starker Trockenheit krümmt sie sich zusammen, die einzelnen Panzerplatten gleiten nahtlos ineinander und bilden eine perfekte Kugel. Viele kleinere Angreifer lassen sich durch diese glatte, schwer angreifbare Oberfläche entmutigen und suchen sich ein zugänglicheres Mittagessen. Eine Kugel ist der geometrische Körper mit der kleinsten Oberfläche und damit auch mit dem geringsten Verdunstungsverlust. In eingerolltem Zustand verliert die Assel daher kaum Wasser und kann so heiße und trockene Perioden überstehen. Auch die dicke Panzerung verringert die Verdunstung, vermutlich waren die Ritter des Mittelalters in ihren Konservendosen ständig schweißgebadet und rochen entsprechend.

Als weitere Anpassung an das Leben in vergleichsweise trockenen Zonen hat die Rollassel zusätzlich zu den Kiemen sogenannte Tracheenlungen entwickelt, die den Löwenanteil der Atmung übernehmen. Diese Einstülpungen der Hinterleibsfüße erscheinen durch ihre Luftfüllung weiß und sind schon mit bloßem Auge gut zu erkennen.[9]

Besonders hart im Nehmen sind die Wüstenasseln, die bei knallharter Trockenheit überleben müssen. Bei ihnen dienen die Kiemen nur noch dekorativen Zwecken. Am anderen Ende der Skala stehen die Wasserasseln, die ihr Element ähnlich häufig verlassen wie eine Koralle.

Landasseln sind typische Bewohner der Streuschicht des Bodens, die sie mit 50 bis 200 Exemplaren pro Quadratmeter besiedeln. Vor allem feuchte Auwälder bieten ihnen paradiesische Zustände. Als zoologische Bio-Schredder fräsen sie sich dort mit ihren kräftigen Mundwerkzeugen durch fast jedes organische Material: Holzreste, Falllaub, Algen, Pilze, Moose, Insektenkadaver und den Kot anderer Tiere. Dadurch spielen sie eine wichtige Rolle beim Abbau von abgestorbenem, organischem Material und bei der Bodendurchmischung.[10] Am liebsten haben sie ihre Nahrung allerdings nicht »al dente«, sondern appetitlich gammlig angerottet. Schätzungen gehen davon aus, dass die unermüdlich mümmelnden Asseln bis zu einem Sechstel der jährlich anfallenden Streumenge verarbeiten.[11] Ungeschlagener König in dieser Disziplin ist aber nach wie vor der Regenwurm, auch wenn dies die Asseln vielleicht »wurmt«!

Da die Darmflora der Asseln im ersten Durchgang mit der Aufspaltung der hochkomplexen zellulose- und ligninhaltigen[12] Nahrung überfordert ist, haben Asseln ein spezielles »Nahrungsrecycling« eingeführt. Sie fressen den eigenen Kot so oft, bis auch die hartnäckigste organische Verbindung resigniert den Geist aufgibt.

Beim Laubfall im kühl-feuchten Spätherbst sind die Assel-Restaurants noch einmal bis zum Bersten überfüllt, den unfreundlichen Winter verbringen die Asseln dann eingegraben im Erdboden. Asseln sind typische Kulturfolger und wurden durch den Mensch weltweit verbreitet. Mit Abstand häufigste einheimische Art bei uns ist die Kellerassel[13] mit der typisch »körnigen« Oberfläche. Wie der Name schon verrät, ist sie häufig in feuchten Kellern zu finden, nicht unbedingt zur Freude der Hausfrau. Hausmänner sind in dieser Hinsicht manchmal etwas toleranter, aber auch nicht immer. Würde eine Kellerassel Latein lernen, wäre sie vermutlich stinksauer, wenn sie ihren Artnamen erfahren würde: »Porcellus« heißt »Schweinchen« und »scaber« bedeutet »rau, schäbig, unsauber, räudig«. Der namensgebende Forscher hatte bei der Taufe wohl eher einen schlechten Tag.

Falls Ihnen also das nächste Mal eine Kellerassel über den Weg läuft, sagen Sie ihr doch ein paar nette oder auch tröstende Worte. Diese faszinierenden Vertreter der Krebstiere haben es wirklich verdient.

Anmerkungen:

[1] Die 7 Beinpaare sind völlig gleichartig gebaut (bei Krebsen können sie sonst sehr stark variieren), daher werden die Asseln auch als Isopoden bezeichnet *(isos* [griech.] = gleich, *pus* [Genitiv: *Podos*] = Fuß).

[2] In Deutschland sind die Landasseln mit etwa 50 Arten vertreten, weltweit gibt es etwa 1.000 Asselarten.

[3] Pleopoden.

[4] Da für die Verfestigung des Panzers Kalk benötigt wird, werden saure, kalkarme Böden gemieden.

[5] Cheliceren.

[6] Der Brutbeutel erstreckt sich vom 1. bis zum 5. Beinpaar.

[7] Bei der Kellerassel sind es 10 – 70 Jungtiere, bei der Rollassel 20 – 160.

[8] *Armadillidium vulgare.*

[9] Eine starke Furchung sorgt für die notwendige Oberflächenvergrößerung, die Cuticula ist an diesen Stellen extrem verdünnt, sodass der Sauerstoff direkt über die Körperoberfläche aufgenommen werden kann. Durch eine Krümmung des Hinterleibs nach oben gelangt die Luft direkt an die Hinterleibsfüße.

[10] In den Trockengebieten Nordafrikas sorgt fast ausschließlich die Wüstenassel *(Hemilepistus reaumuri)* für eine Verbesserung der Bodenqualität.

[11] Im Darm der Assel erfolgt eine Vermengung mit mineralischen Bodenbestandteilen, der Kot enthält daher Ton-Humus-Komplexe wie bei den Regenwürmern. Durch diese Ton-Humus-Komplexe wird die Bindungsfähigkeit des Bodens für Wasser und Nährstoffe wesentlich erhöht.

[12] Das braungefärbte Lignin ist neben Zellulose ein Hauptbestandteil von Holz, es ist für die Druckfestigkeit des Holzes verantwortlich.

[13] *Porcellio scaber.*

Die schönste Nebensache der Welt – Fortpflanzungsstrategien

Radschlagen im Dienste Amors
– die Libelle

Fühlen Sie sich bei der Fortpflanzung manchmal wie »gerädert«? Keine Sorge, so lange Sie ein Insekt sind und zur Gruppe der Libellen gehören, ist das völlig normal! Es ist Juni und über den raschelnden Halmen des Rohrkolbens kreist ein seltsames Gebilde, teils bewegungslos an der gleichen Stelle rüttelnd, dann wieder im eleganten Zickzack um die Halme schießend. Bei längerer Betrachtung entpuppt sich das Ufo als ein Gebilde aus zwei Libellen, die auf äußerst vertrackte Weise miteinander »verknotet« sind, das sogenannte »Paarungsrad« der Libellen. Um diesen Knoten gedanklich aufzudröseln und zu verstehen, müssen wir etwas weiter ausholen.

Libellen sind die geschicktesten Flieger im Insektenreich, ein Großteil ihres Lebens spielt sich daher in der Luft ab, somit unter anderem auch ihr Liebesleben oder zumindest wesentliche Teile davon.

Werfen wir zunächst einen indiskreten Blick auf die Herren der Libellenschöpfung: Die Ausfuhrgänge der Hoden liegen bei den Männchen am neunten Hinterleibssegment und enden dort traditionsgemäß mit der Geschlechtsöffnung. So weit, so gut.

Ein Libellenspermium, das einen neugierigen Blick aus der Öffnung wirft, wird mit größter Wahrscheinlichkeit den Schock seines Lebens erleiden. Ein – wie auch immer gestaltetes – Kopulationsorgan fehlt an dieser Stelle nämlich komplett! Sollte das Spermium jetzt aber zufällig ein hochwertiges Zeiss-Fernglas bei der Hand haben, wird es fündig, und zwar am zweiten Hinterleibssegment!![1] Aus Sicht eines – naturgemäß ungeflügelten und ungebeinten – Spermiums könnte sich dieser sogenannte »sekundäre Penis« genauso gut in China befinden! Bleibt also nur noch ein verzweifelter Spermienmassensuizid oder das langsame Dahindämmern in eine depressive Altersdemenz?

Haltet durch ihr Lieben, noch ist Hoffnung!

Viele Libellenweibchen verbringen die an das Schlüpfen anschließende Reifungsphase[2] weit abseits von den Gewässern, wo Paarung und Eiablage stattfinden. Das ergibt auch durchaus Sinn! Die Produktion der Eier verschlingt Unmengen an

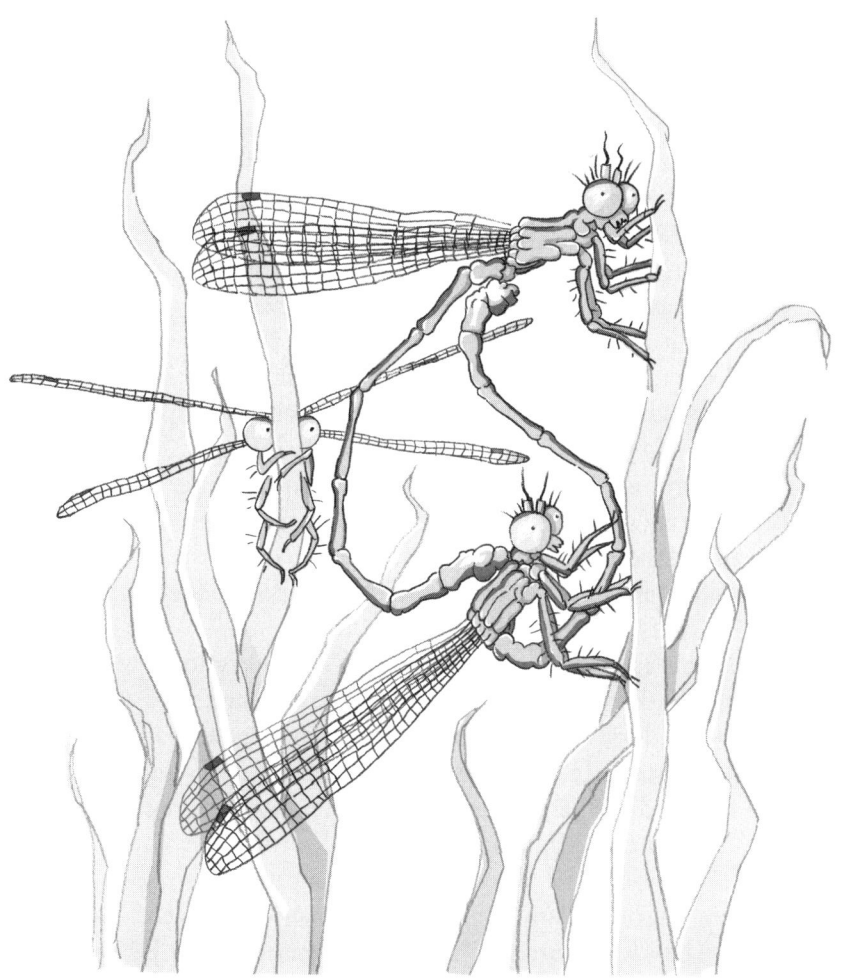

Energie, Weibchen müssen daher wesentlich mehr fressen als die Männchen. Wie soll eine gestresste Libellendame aber in Ruhe fressen können, wenn sie permanent von irgendwelchen unsensiblen Lümmeln zur Paarung genötigt wird?

Viele Libellenmännchen sind territorial, das heißt, sie besetzen den Luftraum über attraktiven Eiablageplätzen und verteidigen ihn energisch gegen alle männlichen Artgenossen[3]. Sobald sich ein paarungsbereites Weibchen an einem Gewässer blicken lässt, erregt es sofort die Aufmerksamkeit eines oder mehrerer Männchen. Man erkennt diese in der Regel schon im Flug an der auffallenderen und prächtigeren Färbung. Wer würde da noch behaupten, Männer wären nicht eitel. Bei den Prachtlibellen wirbt das Männchen sogar mit einer eigenen »Flugshow« um die Gunst des Weibchens.

Sobald die »Gehen-wir-zu-dir-oder-zu-mir«-Frage geklärt ist, schreitet das Männchen zur Tat. Im Sturzflug jagt es von schräg oben auf das Weibchen zu und klammert sich mit den Beinen[4] an Brust und Kopf fest. Bei der nun folgenden Aktion drücken wahrscheinlich alle Spermien hoffnungsvoll sämtliche nicht vorhandenen Daumen. Das Männchen krümmt sein Hinterleibsende extrem nach vorne, dadurch liegen die Geschlechtsöffnung (neuntes Hinterleibssegment) und der Kopulationsapparat (zweites Hinterleibssegment) für einen Moment direkt aufeinander und die Samentaschen an der Basis des sekundären Penis werden mit den erleichtert aufatmenden Spermien »betankt«.

Alle Mann an Bord, jetzt erst kann es endgültig losgehen.

Männer sind anhängliche Wesen und Libellenmänner sind es ganz besonders. Dazu besitzen sie zangenartige Organe am Ende des Hinterleibs. Das Männchen krümmt nun den Hinterleib durch die eigenen Beine nach vorne und ergreift mit seinen Zangen den Hinterrand des Kopfes oder die Vorderbrust des Weibchens.[5] Wohlgemerkt, das alles spielt sich – zumindest bei den Großlibellen[6] – immer noch während des Fluges ab, bei der erforderlichen Synchronisation der Bewegungen würde jeder Hubschrauberpilot vor Neid erblassen. Die Haltezangen beim Männchen und die zugehörige Grube beim Weibchen sind optimal aufeinander abgestimmt, sie rasten nahtlos ineinander wie zwei Legosteine. Dieses Schlüssel-Schloss-Prinzip verhindert Fehlpaarungen.[7] Ein Männchen mag im hormongestützten Delirium zwar ein artfremdes Weibchen (oder sogar ein Männchen) ergreifen, aber die Verbindung passt dann einfach hinten und vorne nicht richtig und das Weibchen wird die Paarung angenervt verweigern (das andere Männchen ja sowieso …). Nur wer sein Weibchen »richtig im Griff« hat, kommt zum Ziel. Zumindest in Libellenkreisen sind Machomanieren ein Muss. Sobald das Männchen mit seinen Zangen sicher angedockt hat, lässt es das Weibchen mit den Beinen los und die Flugposition wird – vor allem für das Männchen – wieder etwas entspannter. Bandscheibenprobleme haben Insekten zwar nicht, aber man muss es ja nicht übertreiben. Das Männchen fliegt ab jetzt vorneweg und bestimmt, wo es lang geht, das Weibchen folgt, von den Zangen am Ende des Hinterleibs wie mit einer Abschleppstange fixiert, auf dem Fuße, es bleibt ihm ja schließlich nichts anderes übrig! Diese Formation wird als »Tandem« oder auch als die »Paarungskette« bezeichnet. Bisher hat das Weibchen sich ganz damenhaft zurückgehalten, jetzt wird es ebenfalls aktiv. Es krümmt den Hinterleib so weit nach vorne, bis die weibliche Geschlechtsöffnung[8] am Kopulationsorgan des Männchens einrastet. Dadurch kommt es zu einem Ringschluss der beiden Tiere, dem annähernd herzförmigen »Paarungsrad«, und die Spermien können nun endlich jubelnd losstürmen.[9]

Uff, geschafft!

Diskretion ist Biologen völlig fremd, alles, was ihnen in die Finger kommt, packen sie gnadenlos unter ein Mikroskop. Dabei wurde eine verblüffende Entdeckung gemacht: Das Kopulationsorgan vieler Kleinlibellenmännchen[10] ist mit bizarren Borsten und Haaren bestückt.

Intimschmuck? Barbarisches Potenzprotzen? Kälteschutz für arktische Arten?

Weit gefehlt!

Diese Borsten funktionieren wie eine Flaschenbürste, sie dringen in das Spermienspeicherorgan[11] beim Weibchen ein und machen Klarschiff! Auch Männer können sich also bei den richtigen Rahmenbedingungen durchaus für Hausputz begeistern! Ein Großteil des Spermas, das bei vorangehenden Paarungen mit anderen Männchen übertragen wurde, wird auf diese Weise radikal ausgeräumt. Erst dann überträgt das Männchen sein eigenes Sperma. Auf diese Weise kommt schwerpunktmäßig immer nur das letzte Männchen in den Genuss von Vaterfreuden, die arteigene Konkurrenz wird wirkungsvoll ausgeschaltet.[12]

Die Paarungszeit variiert je nach Art stark, vom schnellen 20-Sekunden-Quickie beim Vierfleck, bis hin zur 5-Stunden-Orgie bei der großen Pechlibelle. Manchmal sieht man sogar Tandemketten aus drei Exemplaren, wenn ein liebesblinder Freier an ein bereits verpaartes Männchen andockt. Wenn derartige Kleinlibellenformationen im Paarungstaumel versehentlich in einem Spinnennetz landen, erzählt die glückliche Netzbesitzerin noch ihren Enkeln voller Begeisterung davon.

Nach der Paarung lösen sich die Partner nicht gleich voneinander, fast die Hälfte aller Arten[13] bleibt auch noch während der Eiablage in der Paarungskette (Tandemstellung) verbunden. Diese »Beschützergeste« des Männchens ist nicht ganz uneigennützig. Erst wenn das Weibchen erfolgreich die Eier abgelegt hat, ist die Gefahr eines möglichen Nebenbuhlers endgültig gebannt. Man(n) kann ja schließlich nie wissen, welche Frauenhelden sich noch am Gewässer herumtreiben!

Großlibellen handhaben die Eiablage eher lässig, die Eier werden im Flug[14] über der Wasseroberfläche abgeworfen oder abgestreift, Kleinlibellen versenken sie mit Hilfe eines Legebohrers im Schweiße ihres Angesichts einzeln in Pflanzengewebe.[15] Wenn sie dabei am Stängel »eiweise« nach unten klettern, verschwindet zum Teil auch das Männchen[16] mit unter der Wasseroberfläche.

Mit gehangen – mit gefangen!

Vielleicht findet das Weibchen durch das angekoppelte Männchen moralischen Zuspruch oder zusätzlichen Halt. Und beim Angriff eines hungrigen »Was-auch-immer« besteht immerhin die reelle Chance – alle männlichen Leser hören jetzt am Besten kurz weg –, dass es »nur« das unwichtigere Männchen erwischt, das seine Schuldigkeit ja bereits erfüllt hat.

Natur ist manchmal erschreckend unromantisch.

Unter Wasser ist der Körper der Libelle von einem durchgehenden, dünnen Luftfilm wie mit einer silbrigen Frischhaltefolie umhüllt. An der Trennschicht Luft/Wasser kann der von der Libelle verbrauchte Sauerstoff aus dem Wasser nachdiffundieren. Diese »physikalische Kieme« ermöglicht immerhin Tauchgänge von über 1,5 Stunden!

Der Preis für diese Art der Eiablage ist allerdings sehr hoch!

Nach dem Auftauchen können sich viele Libellen nicht mehr von der Wasseroberfläche lösen und ertrinken. Fische, Frösche und räuberische Insekten fordern einen hohen Blutzoll, dennoch scheinen die Vorteile zu überwiegen:

Eier, die nur knapp unter dem Wasserspiegel abgelegt werden, schweben in der Gefahr, bei Wasserstandsschwankungen auszutrocknen. Bei einer Eiablage per Tauchgang kann dagegen fast nichts schiefgehen. Außerdem besteht unter Wasser endgültig keine Gefahr mehr, ständig durch irgendwelche paarungshungrigen Verehrer gestört und unterbrochen zu werden.

Es gibt verblüffend vielfältige Strategien, die Eier dem nassen Element anzuvertrauen: Quelljungfern stechen ihre Eier einzeln in den Boden von seichten Bachufern wie eine fliegende Nähmaschine, Moosjungfern pflügen wie ein Wasserskifahrer mit ihrer Hinterleibsspitze das Wasser und geben dabei die Eier ab. Die Smaragdlibelle fliegt dicht über den feuchten Boden in Gewässernähe und hämmert die Eier mit ihrem rechtwinklig vorspringenden Legeapparat in den Untergrund. Die Gemeine Weidenjungfer strapaziert die Nerven ihres Nachwuchses aufs Äußerste, indem sie die Eier außerhalb des Wassers unter die Rinde von Weiden und Pappeln ablegt, wo sie überwintern. Die schlüpfenden Vorlarven haben entweder Glück und landen sofort im Wasser oder sie katapultieren ihren Körper mit schnickenden Bewegungen möglichst rasch in Richtung Gewässer, ihre Beine sind dummerweise erst nach der ersten Häutung voll einsetzbar.[17] Wer allerdings auf dem Weg zum Wasser einer hungrigen Spinne begegnet, hat keine Chance mehr auf ein artgerechtes Seemannsbegräbnis.

Das Libellenpärchen hat sich inzwischen getrennt, nur noch das schillernde Männchen kurvt in seinen kunstvollen Flug-Stunts über der Wasseroberfläche. Verglichen mit dem meist ein- bis zweijährigen Dasein als Larve ist die Lebenszeit der geflügelten Diamanten nur sehr kurz bemessen: Kleinlibellen leben im Schnitt ein bis zwei, Großlibellen vier bis sechs Wochen.

Genießen wir also ihre Schönheit, solange der Sommer andauert.

Mögen euch die Winde stets günstig und die Frösche stets fern sein!

Anmerkungen:

[1] Aus der Nähe betrachtet, ist es als kleiner Höcker an der Unterseite des Hinterleibs gut zu erkennen.

[2] Diese Phase, in der die endgültige Ausfärbung und das Erreichen der Geschlechtsreife erfolgen, kann zwischen einigen Tagen und 2 – 3 Wochen dauern.

[3] Die Männchen der Prachtlibellen *(Calopteryx spp.)* teilen geeignete Gewässerabschnitte untereinander auf, je höher die Männchendichte, desto kleiner das verteidigte Revier. Bei den Edellibellen *(Aeshnidae)* und den Falkenlibellen *(Corduliidae)* wird ein ganzes Gewässer oder ein großer Gewässerbereich von einem einzigen Männchen verteidigt.

[4] Die Beine werden nur zum Ergreifen der Beute, bei der Paarung und bei der Landung als starres Fahrwerk eingesetzt. Libellen sind nicht mehr in der Lage, sich »zu Fuß« fortzubewegen, alle Tätigkeiten spielen sich fast ausschließlich nur noch im Flug ab.

[5] Bei den Kleinlibellen eine Vertiefung am Rücken der Vorderbrust, die Griff-Festigkeit wird noch durch ein klebriges Sekret erhöht, bei den Großlibellen unmittelbar hinter dem Kopf. Bei den Edellibellen *(Aeshnidae)* erkennt man bei den Weibchen nach der Paarung charakteristische Druckverletzungen am Kopf durch die kräftigen Zangen, der Chitinpanzer wird teilweise sogar eingedellt.

[6] Bei den Kleinlibellen *(Zygoptera* = Gleichflügler) wird meistens ein sitzendes Weibchen ergriffen.

[7] Bei den Segellibellen *(Libellulidae)* sind diese Anhänge relativ einheitlich und einfach gebaut, hier wirkt stattdessen die Passform der Genitalien als Fortpflanzungsbarriere zwischen verschiedenen Arten. Bei den Prachtlibellen sind sowohl Hinterleibsanhänge als auch Genitalien sehr einheitlich gebaut, hier erfolgt die Artunterscheidung in Form einer vorausgehenden Balz.

[8] Auf der Bauchseite zwischen dem 8. und 9. Hinterleibring.

[9] Die Paarung endet nach längerem Tandemflug meistens im Sitzen, seltener im Rüttelflug (z. B. bei der Gattung *Libellula).*

[10] So bei der Gattung *Calopteryx.*

[11] Receptaculum seminis.

[12] Die eigentliche Befruchtung der Eier erfolgt erst bei der Eiablage, d. h., aus Sicht eines Männchens ist auch nach einer bereits erfolgten Kopulation noch nichts verloren!

[13] Fast alle Kleinlibellen, bei den Großlibellen *(Anisoptera* = Ungleichflügler) die Heidelibellen und einige Edellibellen.

[14] Freie (= exophytische) Eiablage. Dabei werden 100 – 5.000 Eier abgegeben, bis zu 35 Eier pro Sekunde.

[15] Eiablage im Pflanzengewebe (= endophytische Eiablage): Es werden 50 – 1.200 Eier abgelegt, maximal 20 Eier pro Minute. Die Grüne Mosaikjungfer *(Aeshna viridis)* legt ihre Eier ausschließlich in die Blätter der Krebsschere *(Stratiotes aloides)* ab. Durch Überdüngung der Böden und den damit verbundenen Anstieg des Nährstoffgehaltes in den anliegenden Gewässern ist diese Pflanzenart stellenweise schon ausgestorben, damit verschwindet auch die zugehörige Libelle.

[16] Unter anderem bei den Schlanklibellen *(Coenagrionidae).*

[17] Diese Häutung erfolgt in der Regel schon wenige Sekunden nach dem Schlüpfen aus dem Ei, bzw. wenn die Prolarven das Wasser erreicht haben.

Und ewig lockt das Weib
– die Ragwurz

Wildbienen und Blütenpflanzen pflegen seit Jahrmillionen eine äußerst erfolgreiche Partnerschaft. Der Nutzen liegt dabei auf beiden Seiten, also auf Neudeutsch eine klassische »Win-win-Situation«[1]. Durch die Sammeltätigkeit der Bienen wird der Pollen zielgerichtet auf andere Exemplare der gleichen Pflanzenart übertragen. Bei korrekter Lieferung werden die besuchten Blüten bestäubt, der erste Schritt zur erfolgreichen Fortpflanzung ist damit unter Dach und Fach.

Als Gegenleistung lassen sich die Pflanzen nicht lumpen und spendieren Nektar als energiereichen Flugsprit und überschüssigen, eiweißreichen Pollen als Bio-Alete für die Bienenmaden. Die einheimische Orchideengattung *Ophrys* (Ragwurz)[2] hat diesen kundenfreundlichen Service noch deutlich ausgebaut. Sie setzt bei der Anlockung ihrer Bestäuber[3] auf den auch heute noch wirkungsvollsten Schlüsselreiz in der Werbung: Sex! Genau genommen handelt es sich um »Mogelsex«, denn sie führt die paarungshungrigen Bienenmännchen schamlos an der Nase herum und hält letztendlich doch nicht, was sie so verführerisch verspricht.[4]

Zu diesem Zweck imitiert die Orchideenblüte die Umrisse eines Insektenweibchens, um die Bienenmännchen zur Kopulation zu verlocken.[5] Der Intelligenzquotient liebestrunkener Männchen wird ja generell nur knapp über null angesiedelt, aber ein Blick auf die entsprechende Blüte führt dennoch zu ungläubigem Kopfschütteln. Derart unterbelichtet kann doch nicht einmal ein Männchen sein! Aber die Blüte hat es faustdick hinter den nicht vorhandenen Ohren!

Stellen Sie sich vor, Sie gehen in der Dämmerung durch einen Park und plötzlich weht Ihnen süßer, absolut verführerischer Parfumduft um die Nase. Vermutlich werden Sie sich unwillkürlich umsehen, um das entsprechende »Weibchen« zu orten. Genau diese Methode wendet auch die Orchidee an. Insekten orientieren sich bei der Suche nach Weibchen in erster Linie an den Sexualduftstoffen, die dieses verströmt. Durch den Duft dieses hochkomplexen, chemischen Substanzgemisches werden die Männchen bereits weit außerhalb der Sichtweite angelockt. Die Orchidee greift also kurzerhand tief in die chemische Trickkiste und parfümiert sich, sie verwendet fast exakt die gleiche Parfum-Marke wie die Bienenweibchen.[6] Ein Tarnmäntelchen aus Wohlgerüchen! Raffinierter geht es wohl nicht mehr.

Ein Bienenmännchen, dem dieser überaus verlockende Duft in die Fühler sticht, wird sofort einen Bogen schlagen, um sich der vermeintlichen Angebeteten zu nähern. Bei den optischen Schlüsselreizen wird dann offensichtlich nur noch ein relativ grobes Raster angewandt.

Typisch Mann!

Die Lippe der Blüte ahmt den Hinterleib des Weibchens nach und stimmt damit in der Größe überein. Außerdem besitzt sie ein stark reflektierendes Farbmal, den »Spiegel«, der die zusammengelegten und ebenfalls stark reflektierenden Flügel eines Insektes imitiert.[7] Zusammen mit dem passenden Duft reicht das zunächst einmal völlig aus, um das liebeshungrige Bienenmännchen zur Landung zu verführen. Die Blüte atmet erleichtert auf und reibt sich triumphierend die Blütenblätter.

Hab ich dich!

Wer je seine Liebste im Arm gehalten hat, kann die Wirksamkeit der letzten, noch fehlenden Reizgruppe bestätigen: Berührungsreize (taktile Reize). Sie können sich doch sicher erinnern?

Duft und grobe Form der Orchideenblüte haben das Bienenmännchen bisher überzeugt, aber jetzt gibt ihm die Blüte noch den Rest, um auch nicht den Schatten eines Zweifels aufkommen zu lassen.

Dichte, Länge, Strich und Elastizität der Behaarung entsprechen weitgehend dem Abdomen eines Weibchens, auch die Krümmung der Blütenlippe passt perfekt. Solch einer Raffinesse ist ein schlichtes Bienenmännchen nicht gewachsen, es wähnt sich am Ziel all seiner Hoffnungen und leitet die Kopulation ein. Spätestens dann wird es allerdings stutzig, dieses Weibchen ist irgendwie doch ganz anders, als es sich gehört.[8] Es ist nicht bekannt, ob ein Bienenmännchen Frustration empfinden kann, fest steht aber, dass das Bienenmännchen nach einigen fruchtlosen Begattungsversuchen das Handtuch wirft und sich wieder aus dem (Blüten-)Staub macht.

Aber nicht allein! Im Gegensatz zu den anderen Blütenpflanzen staubt der Orchideenpollen nicht einfach nur wahllos durch die Gegend, die Inhalte der Pollensäcke sind zu einem sogenannten »Pollinium« vereinigt. Dieses Gebilde sieht ein bisschen aus wie eine lang gestielte Keule und ist am Ende mit einer Klebescheibe versehen.

Sie ahnen, was jetzt kommt? Genau!

Bei den fruchtlosen Paarungsversuchen stößt das Männchen mit dem Kopf exakt gegen die Klebescheiben und bekommt so unweigerlich das Pollinium der Orchidee angeheftet.[9] Und da das Männchen aus seiner enttäuschenden Erfahrung nichts gelernt hat (Männer brauchen manchmal ein bisschen länger), wird es bald unweigerlich vom Duft der nächsten Blüte in seinen Bann gezogen. Beim zweiten Kopulationsversuch wird der Pollen übertragen und die Orchidee hat ihr Ziel erreicht.[10] Eine knifflige, aber durchaus effektive Methode!

Abschließend noch ein paar Worte zur Ehrenrettung der so trickreich gefoppten Männchen. Die Bienenmännchen schlüpfen einige Zeit vor den Weibchen, das heißt, es existieren zunächst einmal gar keine »echten« Weibchen. Nur die verführerischen Ophrys-Blüten! Kann man den armen Männchen daraus einen Strick drehen, wenn sie unter solchen Bedingungen schwach werden? Auch nach dem Schlüpfen der Weibchen sind die Männchen deutlich in der Überzahl, das heißt, es wird immer wieder einer der Freier, der noch kein »richtiges« Weibchen entdeckt hat, den Verlockungen der Orchidee erliegen.

Eine Kuriosität noch zum Schluss: Die Gelbe Ragwurz[11] wird von Erdbienen der Gattung *Andrena* bestäubt. Stellt man ein Bienenmännchen vor die Wahl zwischen Andrena-Weibchen und Ophrys-Blüte, interessiert es sich ausschließlich für die Blüte, das heißt, die Attrappe übertrifft in ihrer Attraktivität sogar das Original, eine sogenannte »übernormale« Attrappe![12]

Die Gelbe Ragwurz, die ungeschlagene Sexbombe unter den Orchideen.

Wie schön, dass wir keine Bienenmännchen sind!

Anmerkungen:

[1] Auf »Altdeutsch« spricht man in diesem Fall von einer Symbiose. Eine Symbiose ist eine Vergesellschaftung unterschiedlicher Arten, bei der beide Partner in irgendeiner Form von dieser Zusammenarbeit profitieren. Ein klassisches Beispiel sind die Flechten, bei denen Pilze und Algen zu einer neuen Funktionseinheit verschmelzen. In dieser Vereinigung können Flechten selbst extremste klimatische Bedingungen überleben, die für den Pilz oder die Grünalge allein tödlich wären.

[2] Diese Orchideengattung hat ihren Schwerpunkt im Mittelmeerraum, in Mitteleuropa kommen insgesamt vier Arten vor: die Fliegenragwurz *(Ophrys muscifera = insectifera)*, die Spinnenragwurz *(O. sphecodes = sphegodes)*, die Bienenragwurz *(O. apifera)* und die Hummelragwurz *(O. holosericea = O. fuciflora)*. Die Namen sind nicht unbedingt glücklich gewählt, die Blüte der Fliegenragwurz ähnelt z. B. den Weibchen einer Grabwespe *(Argogorytes mystaceus)*.

[3] Vor allem Männchen der Erdbienen *(Andrena)* und der Langhornbienen *(Eucera)*.

[4] Dieser ungewöhnliche Bestäubungsmechanismus der »Pseudokopulation« wurde 1916 erstmals beschrieben, aber zunächst als unwissenschaftliche Spinnerei abgetan. Erst umfangreiche Untersuchungen 40 Jahre später bestätigten die alten Berichte.

[5] Dieser Sachverhalt wird als »Mimikry« bezeichnet. Eine Art imitiert täuschend die Signale (optisch, akustisch, olfaktorisch (Duft)) einer anderen Art und gewinnt dadurch einen Überlebensvorteil, in diesem Fall die Bestäubung der Pflanze. Ein anderes Beispiel sind Schwebefliegen, die die schwarz-gelbe Warntracht vieler Wespen imitieren. Fressfeinde meiden dann die scheinbar wehrhafte Wespe, die aber in Wirklichkeit nur eine stachellose Fliege ist.

[6] Bei den Duftstoffen handelt es sich um eine sehr komplexe Mischung aus verschiedenen chemischen Gruppen. Manche Substanzen bei Insekt und Orchidee stimmen völlig überein, andere sind von ihrer Raumstruktur her zumindest sehr ähnlich gebaut.

[7] Um den Spiegel liegt eine Zone mit dichter, dunkler Behaarung, die auffällig mit dem Spiegel kontrastiert und den behaarten Hinterleib des Insekts imitiert.

[8] Zur Spermaübertragung kommt es bei dieser Pseudokopulation nie.

[9] Die Pflanze bietet also weder für das Insekt verwertbaren Pollen an noch produziert sie Nektar. Alle Vorteile liegen ausschließlich auf Seiten der Orchidee.

[10] Die Bienenragwurz hält sich noch eine Hintertüre offen. Falls längere Zeit keine Fremdbestäubung über Insekten erfolgt, senken sich die schwachen Stile der Pollinien langsam ab und berühren irgendwann die Narbe, dadurch erfolgt eine Selbstbestäubung.

[11] *Ophrys lutea.*

[12] Diese Art ist auch der eindeutige Beweis, dass es sich tatsächlich um einen Paarungsversuch des Bienenmännchens handelt. Die Weibchenattrappe ist, verglichen mit anderen Ragwurzarten, um 180° gedreht, d. h., das Männchen versucht mit dem Hinterleib in die Blüte einzudringen. Um nach Pollen oder Nektar zu suchen, wäre dieses Verhalten natürlich völlig unsinnig.

Blinkende Liebeserklärungen – der Leuchtkäfer

Es ist ein milder Juniabend gegen 22 Uhr. Die leuchtenden Farben der hochsommerlichen Blütenpracht haben nach und nach den weichen Grautönen der Nacht Platz gemacht und erste Fledermäuse huschen als verschwommene Schemen durch die Dunkelheit.

Übergangslos erscheint ein heller grünlicher Punkt knapp über der Vegetation, dreht einige Schleifen und Kurven und erlischt schlagartig wieder. Er bleibt nicht lange allein! Nach und nach tauchen immer mehr der Leuchterscheinungen auf und ziehen mit einem Griffel aus Licht ihre hellen Bahnen in die Nacht.

Es sind die Männchen des Kleinen Johanniswürmchens[1], die auch als »Kleiner Leuchtkäfer«, »Kleines« oder »Gemeines Glühwürmchen« bezeichnet werden. Der Name »Johanniswürmchen« leitet sich vom Auftreten der Imagines[2] um den 24. Juni (= »Johannis«) herum ab. Im Begriff »Würmchen« spiegelt sich das unterschiedliche Aussehen der Geschlechter wider. Bei allen drei in Mitteleuropa auftretenden Arten der Leuchtkäfer[3] sind die Weibchen ungeflügelt und ähneln eher den ebenfalls leuchtenden Larven, während die geflügelten Männchen sich sofort als astreine, seriöse »Käfer« zu erkennen geben.

Diese Ausstrahlung von »kaltem« Licht durch Lebewesen wird als »Biolumineszenz« bezeichnet und hat die Menschen schon in frühen Zeiten fasziniert.

Schon Hunderte von Jahren vor der Erfindung der allerersten Glühbirne verwendeten die Eingeborenen Südamerikas »Feuerkäfer« (»Cucujos«) der Gattung *Photophorus* als Lampen. Bereits drei bis vier Exemplare reichen aus, um in dem hellen grünlichen Schein lesen zu können. Auf den Mangrovenbäumen Südostasiens sitzen oft tausende von Männchen der Gattung *Pteroptyx* auf einem der im Wasser stehenden Bäume. Erst blinken einzelne Männchen unregelmäßig durcheinander, als wollten sie ihre Leuchtorgane »stimmen«, dann entsteht nach und nach, auf noch nicht ganz geklärte Weise, ein absolut synchroner »Leucht-Chor« der die Bäume jeweils für Sekunden blitzlichtartig aus der Dunkelheit reißt.

Ursache für diese Leuchterscheinung ist ein vertrackter chemischer Prozess; ich hoffe meine folgende, nicht unbedingt streng wissenschaftlich formulierte Erklärung lässt nun auch eine »Erleuchtung« des Lesers zu:

Kernpunkt der Biolumineszenz ist ein Leuchtstoff, das Luziferin *(lucifer*: lateinisch für »lichtbringend«). Luziferin ist hoffnungslos verliebt in Sauerstoff und möchte sich unbedingt mit ihm vereinen. Dazu braucht es die Hilfe eines »Kupplers«, das liebreizende Enzym Luciferase. Enzyme sind die »Heimwerker« der Zelle, besonders gebaute, handwerklich geschickte Proteine, die durch Kontakt mit den verschiedensten chemischen »Substraten« so gut wie alle chemischen Reaktionen in der Zelle ermöglichen. Dank der löblichen Unterstützung des Enzyms Luciferase kann sich Luciferin endlich mit dem Sauerstoff vermählen, es wird »oxidiert«, ist aus tiefstem Herzen glücklich und »strahlt« daher über das ganze Gesicht.[4]

Voila! Es werde Licht und es ward Licht!

Die Lichtausbeute beträgt geradezu unglaubliche 99 Prozent, das heißt, lediglich ein murkeliges Prozent der abgestrahlten Energie geht als Wärme verloren, daher auch der Begriff »kaltes« Licht. Jede Glühbirne (korrekter wäre eigentlich »Grillbirne«) würde sich im Wettstreit frustriert die Kugel geben, beträgt ihre Lichtausbeute doch nur armselige drei Prozent!

Biolumineszenz ist in der Natur erstaunlich weit verbreitet und findet sich bei Bakterien, Pilzen (Hallimasch), Pflanzen und Tieren, es strahlt also quer durch die gesamte Biologie.[5]

Aber zurück zu unserem Glühwürmchen!

Die flügellosen Weibchen des »Gemeinen«[6] Glühwürm-chens[7] sitzen im Gras und recken die Rückseite des Hinter-leibs mit den dort befindlichen Leuchtorganen nach oben. Vermutlich knipsen sie das Licht erst dann an, wenn sie die kontinuierlich leuchtenden Männchen erblickt haben. Ener-giesparen ist in! Diese Leuchttürme versprechen alles, was ein Käfermännerherz begehrt, und werden zielstrebig angesteuert, die Komplexaugen der Männchen sind daher hoch entwickelt. Unmittelbar über dem Weibchen lässt sich das Männchen

senkrecht nach unten fallen und ist somit am Ziel seiner Wünsche angekommen. Das Weibchen knipst die Lampe wieder aus – im Käferreich gibt es keinen Exhibitionismus – und nach kurzem geruchlichen Check schreitet man zur Kopulation.

Die zweithäufigste bei uns vorkommende Art, das »Große Glühwürmchen« *(Lampyris noctiluca)* unterscheidet sich in einigen Punkten. Hier leuchten ausschließlich die Weibchen. Setzt man ein Weibchen in einen Glaszylinder mit nur 3 cm Durchmesser, landen 65 Prozent der Männchen beim ersten Versuch im Glaszylinder, die Trefferquote beim Fallenlassen ist also erstaunlich hoch. Was die Lichtsignale angeht, sind Lampyris-Männchen recht wählerisch! Im Experiment meiden sie sowohl zu dunkle wie zu helle, zu große wie zu kleine, übermäßig viele oder zu wenige Lichtsignale.

Bei den leuchtenden Männchen des »Kleinen Glühwürmchens« sieht das völlig anders aus. Sie stehen auf dem simplen Standpunkt: »Alles, was leuchtet, ist weiblich. Du sollst nicht zweifeln am Schein deiner Liebsten!« Basta!

Im Experiment lassen sie sich voll Gottvertrauen auf so ziemlich jede Lichtquelle fallen, unabhängig von Größe, Helligkeit oder Struktur, und sei es auch nur die Diode einer Stereoanlage. »Fehlschüsse« sind damit vorprogrammiert. Um das auszugleichen, gibt es in einer Lamprohiza-Population etwa fünfmal so viel Männchen wie Weibchen, irgendeiner wird ja dann wohl in Gottes Namen treffen. Bei den zielsicheren »Großen Glühwürmchen« beträgt das Geschlechterverhältnis dagegen 1:1!

Die ebenfalls leuchtenden Larven beider Arten überwintern drei- manchmal sogar viermal, ihre Zeit als Halbstarker ist also relativ lang. Sobald die Larven auf die Schleimspur einer Nackt- oder Gehäuseschnecke stoßen, folgen sie ihr, die Schnecke wird mit einem Giftbiss der Mandibeln in den Kopf getötet und ratzeputz verzehrt (das Gehäuse ausgenommen!), diese üppige Mahlzeit kann bis zu eineinhalb Tage dauern. Dank der meist ungemein tief verwurzelten Liebe des Gärtners zu seinen Schnecken sind Leuchtkäferlarven daher gern gesehene Gäste im Garten. Die geschlechtsreifen Imagines (Vollinsekten) leben nur etwa zwei Wochen, in dieser Zeit zehren sie von ihren Fettreserven und nehmen keinerlei Nahrung mehr zu sich.

Dies könnte eine mögliche Theorie zur Erklärung der Flügellosigkeit der Weibchen sein. Fliegen ist ein sehr energieverschlingender Prozess und die Weibchen sind größer und daher schwerer als die Männchen. Nachdem die Weibchen keine Nahrung mehr aufnehmen, sind die Reserven begrenzt, und es ist sinnvoll, sparsam damit umzugehen, um ausreichend Energie für die Eiproduktion übrig zu haben. Also besser ein gemütlicher Fußmarsch als schweißtreibende Flüge!

Ausnahmen bestätigen meist die Regel und die folgende Ausnahme ist wirklich völlig verrückt: In Amerika gibt es Leuchtkäferarten, bei denen Weibchen und Männchen in einem arttypischen Blink-Code aufeinander reagieren. Bei dem gleichzeitigen Vorkommen vieler verschiedener Arten wäre ein armes Männchen sonst völlig überfordert und würde permanent bei den falschen Damen landen.

Die Weibchen der etwa 60 Arten zählenden Gattung *Photuris* nutzen diesen Blink-Code nun völlig schamlos für ihre eigenen Zwecke aus. Sie segeln unter falscher optischer Flagge und imitieren geschickt die Blinksignale mehrerer anderer Arten. Das liebestrunkene Männchen findet nach der Landung keineswegs die erhoffte Liebste, sondern wird knallhart verspeist! Sozusagen »Bis dass der Biss uns scheidet!«. Das ist nicht gerade die feine englische Art, zumal die Imagines ja normalerweise keine Nahrung aufnehmen. Die Täuschung ist nicht perfekt, viele Männchen stoppen nach einigen Morsesequenzen und halten zunächst Abstand. Irgendwie verhält sich diese Dame doch etwas seltsam! In diesem Fall startet das flugfähige Photuris-Weibchen kurzerhand (beziehungsweise kurzerflügel) einen Luftangriff und schnappt sich den verwirrten Freier trotzdem.

Neuere Forschungen lassen jetzt eine mögliche Deutung dieses Verhaltens zu.

Fast alle Leuchtkäferarten sind in der Lage, aus dem mit der Nahrung aufgenommenen Cholesterin einen ziemlich scheußlich schmeckenden Giftstoff zu bilden, der sie vor Fraßfeinden wirkungsvoll schützt. Der Gattung *Photuris* fehlt diese Fähigkeit dagegen komplett![8] Durch das Verspeisen der Männchen und damit auch ihrer giftigen Inhaltsstoffe, wird das Weibchen selbst »ungenießbar« und bekommt so nebenbei noch einen proteinreichen Snack. Dieses Verhalten läuft auch erst ab, nachdem sich das Weibchen erfolgreich mit einem Männchen der eigenen Art gepaart hat.

In unseren Breiten kann sich ein Leuchtkäfermännchen dagegen völlig entspannt fallen lassen. Schlimmstenfalls findet er ein Weibchen der falschen Art, aber außer einem gewissen Frust hat das keinerlei praktische Konsequenzen.

Nach der Befruchtung legt das Weibchen 60 bis 90 Eier am Boden ab. Sogar die Eier leuchten schon schwach! Die Larven schlüpfen noch im gleichen Jahr nach etwa vier Wochen und wieder einmal schließt sich der Kreis.

Immer noch ziehen die geflügelten Funken ihre hellen Spuren durch die milde Nacht und ich versuche, ihnen mit dem Blick zu folgen. Einer der Minikometen stoppt mitten im Flug und verharrt immer noch weiter leuchtend bewegungslos in der Luft.

Äh … so etwas kann eigentlich nicht funktionieren, mein Freund! Schon mal was von Schwerkraft gehört? Verblüfft trete ich näher. Des Rätsels Lösung ist ein Kreuzspinnennetz, in dem der abrupt abgestoppte Käfer zappelt. Es ist vielleicht nicht nett, eine hungrige Spinne um ein Abendessen mit integrierter Festbeleuchtung zu bringen, aber trotz meiner Liebe zu Spinnen gehört meine Sympathie diesmal dem Käfer und ich löse ihn vorsichtig aus dem Netz. Immerhin hat er sein Licht jetzt endlich ausgeknipst. Ich setze den »Fins-

terling« auf die Blütendolde eines Wiesenkerbels und über-
lasse ihn seinem weiteren Schicksal.

Ich hoffe die »Erleuchtung« seiner Angebeteten ist ihm
sicher.

Anmerkungen:

[1] *Lamprohiza splendidula,* frühere Bezeichnung: *Phausis splendidula.*

[2] Imagines (Einzahl: Imago) sind geschlechtsreife Insekten nach der letzten Häutung bzw. dem Schlüpfen aus der Puppe.

[3] *Lampyridae.*

[4] Für diesen energieverbrauchenden Prozess ist ATP (Adenosintriphosphat), die »Energiewährung« der Zelle, erforderlich. Dieser »Treibstoff« entsteht bei der Zellatmung in den Kraftwerken der Zelle, den Mitochondrien. Die Licht erzeugenden Zellen (Photocyten) besitzen daher große Mengen an Mitochondrien, um den Energiebedarf der Reaktion decken zu können. Für eine korrekte Funktion der Luziferase sind außerdem Magnesiumionen als Cofaktoren erforderlich. Die Farbe des ausgestrahlten Lichtes ist ausschließlich von der Bauweise der Luciferase abhängig. Die Wunderlampe *(Lycotheutis diadema),* ein in der Tiefsee lebender Kopffüßer (falscher Name: »Tintenfisch«) besitzt z. B. 22 Leuchtorgane in vier verschiedenen Farben.

[5] Vielleicht war die Entwicklung der Biolumineszenz ein Entgiftungsmechanismus, um Sauerstoff aus dem Verkehr zu ziehen. Für viele Organismen des Erdaltertums war der mit der Entwicklung der Photosynthese neu gebildete freie Sauerstoff eine tödliche Bedrohung, die so entschärft werden konnte. Das Leuchten war möglicherweise nur ein zufälliges Nebenprodukt dieser Reaktion.
Vorkommen: Bakterien, Pilze, einzellige Grünalgen, Nesseltiere (Quallen, Polypen), Ringelwürmer (manche Regenwürmer), Schnecken, 40 % aller Kopffüßer (falsche Bezeichnung: »Tintenfische«), Stachelhäuter (Seesterne, Schlangensterne, Haarsterne), Manteltiere, Fische (vor allem Tiefseeangler), Tausendfüßer, Insekten (Springschwänze, Schaben, Fliegen und Mücken, Käfer). Zum Teil wird die Lumineszenz auch durch Symbiose mit leuchtenden Bakterien ermöglicht.
Die meisten leuchtenden Arten sind marin, häufig handelt es sich um Tiefseebewohner. Bei mehrzelligen Pflanzen ist natürlicherweise bisher kein Fall von Biolumineszenz bekannt. Allerdings ist es inzwischen gelungen, das entsprechende Gen zu isolieren und in die verschiedensten Organismen einzubauen, z. B. in Tabakpflanzen.

[6] »Gemein« ist hier im Sinn von »gewöhnlich« oder »häufig« gebraucht, es handelt sich also nicht um eine moralische Wertung.

[7] *Lamprohiza splendidula.*

[8] Diese Lucibufagine (Steroidpyrone) ähneln den Bufadienoliden, das sind Gifte verschiedener Kröten und Pflanzenarten. Bei Bedrohung reagieren die Käfer mit »Reflexbluten«. Dabei wird aus Poren in den Beingelenken aktiv Blutflüssigkeit ausgepresst (beim Marienkäfer bekannt), die Hämolymphe enthält die Giftstoffe. Ein unerfahrener Vogel, der einen Leuchtkäfer verschluckt, würgt ihn sofort wieder aus, der Geschmack muss wirklich sensationell sein. ´

Es ist nicht alles Aas, was stinkt – der Aronstab

Schmetterlingsmücken haben es wirklich nicht leicht: Erst entdecken sie einen traumhaften Eiablegeplatz, um dann festzustellen, dass sie lediglich einer geruchlichen Fata Morgana gefolgt sind und hinterhältig aufs Glatteis geführt wurden. Sie werden in Abgründe gestürzt, mit Pollen bepudert, 24 Stunden inhaftiert und das Ganze wiederholt sich auch noch. Urheber dieser empörenden Intrige ist … aber fangen wir doch besser am Anfang an:

Wer im April bis Mai durch Laub- und Auenwälder streift, kann dort auf eine eindrucksvolle Erscheinung stoßen, den bis zu 40 cm hohen Gefleckten Aronstab[1]. Er gehört zu den einsteigerfreundlichen Arten für jeden botanisch interessierten Naturfreund. Auch bei Dämmerung, einer Fehlsichtigkeit von fünf Dioptrien und einem Blutalkoholgehalt von 2,5 Promille kann man ihn nur bei grober Fahrlässigkeit falsch bestimmen. Was der Elefant in der Zoologie, ist der Aronstab in der Botanik, die Garantie für ein systematisches Erfolgserlebnis. Der kolbenförmige Blütenstand, der im oberen Bereich in einer quietschviolett gefärbten Keule ausläuft, wird im unteren Bereich von einem riesigen grünlich weißen Hochblatt[2] röhrenförmig umschlossen. Das Hochblatt ist fast dreimal so lang wie der gesamte Blütenstand und endet in einer scharf ausgezogenen Spitze. Im Herbst protzt die Art noch zusätzlich mit leuchtend roten Beeren. Alle Pflanzenteile sind giftig![3]

Um Spezialist für die einheimischen Vertreter der Aronstabgewächse[4] zu werden, bedarf es keiner umfangreichen Studien und gründlichen Recherchen, etwa eine Viertelstunde dürfte völlig genügen. Die 2.000 weltweit bekannten Arten sind in Mitteleuropa netterweise auf überschaubare drei Arten zusammengeschrumpft: der Aronstab[5], die Schlangenwurz[6] und der Kalmus[7], eine alte Heilpflanze bei Erkrankungen des Magen-Darm-Trakts.[8] Wie der Aronstab zeichnen sich auch die beiden anderen einheimischen Arten nicht gerade durch übertriebene Unauffälligkeit aus. Einige tropische Kletterkünstler dieser Familie wurden bei uns zu beliebten Zimmerpflanzen degradiert, das Fensterblatt[9] und der Baumfreund[10]. Wer den Blütenstand der Titanenwurz[11] auf Sumatra sucht, kann die Lupe getrost zu Hause lassen. Mit bis zu 2 m Höhe hält er weltweit den Größenrekord.

Infrarotaufnahmen des Aronstabs lassen den verblüfften Fotografen zunächst am eigenen oder am Geisteszustand seiner Kamera zweifeln, die Bilder sehen aus wie der Schnappschuss einer Glühbirne. Das ist keine Blüte, sondern das reinste Hochöfchen, die Temperatur im röhrenförmigen Blütenkessel kann bis zu 16 °C über der Umgebungstemperatur liegen, eine kuschelig gemütliche Oase im nasskalten Frühjahr. Brennmaterial ist die im Verlauf der Photosynthese gebildete und in den Wurzelstöcken gespeicherte Stärke.[12] Werden die männlichen Blüten[13] entfernt (Forscher neigen zu derart ungezogenen Vorgehensweisen), ist es vorbei mit der Gemütlichkeit. Diese Blüten produzieren hormonähnliche Substanzen[14], die über die Leitungsbahnen zur Spitze des Blütenstandkolbens transportiert werden, um dort den entsprechenden »Heizungsenzymen« sanft in den Hintern zu treten und sie zu aktivieren.

Und schon wird es warm!

Rein energetisch betrachtet ist dieser Vorgang ökonomisch haarsträubend und für das Wachstum der Pflanze absolut nicht erforderlich. Wettbewerbe in Sachen Energiesparmaßnahmen stehen auf der Checkliste des Aronstabs augenscheinlich ganz unten. Wozu also diese immense Verschwendung? Natur verschleudert – im Gegensatz zu Homo sapiens sapiens – ihre Ressourcen niemals grundlos, die Kosten-Nutzen-Rechnung muss eine positive Bilanz ergeben. Hinter der scheinbaren Energieverschwendung steckt eine der wirkungsvollsten Triebfedern im Universum: salopp ausgedrückt: Sex! Anders gesagt: die zwingende Notwendigkeit, die eigenen Gene an die Nachwelt weiterzugeben. Der Aronstab kann sich nicht selbst befruchten und ist daher auf Boten angewiesen, den altbewährten klassischen Pollen-Kurier in Form von Insekten. Diese gilt es aber erst einmal anzulocken. Die Anlockung von potentiellen Bestäubern durch Wärme hält sich in engen Grenzen, weil der Temperaturunterschied von den Insekten erst in unmittelbarer Nähe der Blüte wahrgenommen werden kann. Deshalb wählt der Aronstab einen genialen Umweg, um über diese »Heizung« auch die Fernwirkung zu optimieren.

Wer das Herz seiner Liebsten erobern will, sollte ihr, auch im eigenen Interesse, kein Aronstabbouquet überreichen.

Innerhalb der Familie der Aronstabgewächse dominieren nämlich so liebliche Geruchsstoffe[15] wie Ammoniak, Amine, Indol und Skatol. Die beiden letzten Substanzen prägen maßgeblich das unverwechselbare, zarte Odeur von Fäkalien, blumige Frische ist hier also nicht angesagt. Der durchdringend urinöse »Duft« des Aronstabs lässt auch hartgesottene Naturen erst einmal nach Luft schnappen. Die derart beschenkte Herzensdame wird diesen Überraschungseffekt vermutlich nicht gebührend würdigen. Die Pflanze setzt auf das physikalische Prinzip einer Duftlampe, je höher die Temperatur, desto mehr Inhaltsstoffe verdampfen und desto intensiver wird die lockende Duftaura. Im Gegensatz zu optischen Signalen wirken Gerüche auch »um die Ecke« und auf größere Distanzen. So betrachtet stellt die ruinöse Energieverschwendung lediglich steuerlich absetzbare »Werbungskosten« dar.

Was Gerüche angeht, sind die Geschmäcker verschieden: Während uns der Geruch eines fauligen Kadavers wirkungsvoll in die Flucht schlägt, wird eine Schmeißfliege in einen Taumel der Glückseligkeit verfallen. Wir schätzen das Aroma eines Harzer Rollers, ein Asiat würde sich wohl eher aus einem Fenster im fünfzigsten Stock stürzen, als davon zu kosten. Der »Duft« des Aronstabes lockt in erster Linie zwei Gruppen von Insekten an, kleine Aasfliegen und Schmetterlingsmücken[16]. Die Vorliebe dieser 1 bis 5 mm großen Winzlinge spiegelt sich schon in ihrem volkstümlichen Namen »Abortfliegen« wider. Sie legen ihre Eier in Jauchegruben, Fäkalien, Kläranlagen und Toiletten ab, in diesen nährstoffreichen Milieus entwickeln sich dann die Larven. Wie gesagt, die Geschmäcker sind verschieden. Sobald ein Schmetterlingsmückenweibchen auch nur ein winziges Duftfitzelchen der Aronstabaura wahrnimmt, wird es an der Quelle des betörenden Duftes einen paradiesischen Eiablageplatz erwarten.

Also nichts wie hin!

Sobald eine eiablegewillige Schmetterlingsmücke auf der Innenwand des Hochblatts landet, erlebt sie eine Überraschung. Die Oberfläche ist nahezu makellos glatt und bietet einem Mückenbein so gut wie keinen Halt. Um diese Gemeinheit noch zu verschärfen, ist das ganze Blatt mit einem dünnen Ölfilm überzogen.

Ölé!

Die Mücke hat nicht den Hauch einer Chance – es geht rasant abwärts. Pflanzenarten mit dieser ganz speziellen Form der Kundenbetreuung werden als Kesselfallen- oder Gleitfallenblumen bezeichnet.[17]

Im Zentrum der aus dem Hochblatt gebildeten Röhre steht der Kolben des Blütenstandes, er enthüllt sofort eine weitere Gemeinheit. Im oberen Teil ist er ringförmig von sterilen, rückgebildeten Blüten umgeben, die in lange Borsten auslaufen. Dieser Sperrborstenkranz bildet eine wirkungsvolle Reuse, die einzelnen Borsten geben zwar nach, wenn ein Insekt abstürzt, die Gegenrichtung bleibt aber unnachgiebig versperrt. Die Fliege ist in eine botanische Einbahnstraße geraten! Aber immerhin befindet sich die so ausgetrickste Schmetterlingsmücke in guter Gesellschaft, es wurden schon bis zu 4.000 von ihnen in einer einzigen Blüte gezählt. Aber auch empörte Sprechchöre ändern an der Situation der gestrandeten Mücken zunächst einmal nichts.

Etliche der inhaftierten Mücken machen diese Odyssee nicht zum ersten Mal mit, deshalb sind sie bereits mit dem Pollen einer anderen Aronstabpflanze bepudert. Das war ja letztendlich der Sinn der ganzen Aktion, wie bekomme ich den Pollen von Aronstab Schmidt zu Aronstab Müller? Im unteren Teil des Blütenstandes befinden sich die weiblichen Blüten, die zuerst reifen (Frauen sind einfach schneller). Die Griffel scheiden einen Tropfen zuckerhaltiges Sekret aus, den die Schmetterlingsmücken begeistert aufsaugen. Dabei wird unweigerlich irgendwann ein Teil des Pollens aus dem Haarkleid der Mücke abgestreift und bleibt an der klebrigen Narbe der weiblichen Blüte hängen, die Bestäubung hat somit stattgefunden.

Der Samenbildung und damit der Vermehrung steht nun erst einmal nichts mehr im Wege, aber schließlich möchte der Aronstab auch seine eigenen Gene in Form des Pollens weiter unter das Aronstabvolk bringen. Dummerweise stehen die potentiellen Überträger immer noch unter Arrest, wenn auch bei gut beheizter Vollpension. So nicht! Kurzerhand schaltet der Aronstab die Heizung wieder aus. Genialerweise aber nicht gleichzeitig im ganzen Kolben, sondern langsam von oben nach unten! Im untersten Teil des Kessels bleibt es folglich am längsten warm und genau dort sammeln sich jetzt alle Schmetterlingsmücken. Wer liebt schon Kälte?

Inzwischen sind die über den weiblichen Blüten sitzenden männlichen Blüten gereift, und die gelbe Pollenfracht rieselt nach unten, genau in das Mückengewusel. Die geflügelten Boten sind somit paniert und einsatzbereit, es gibt somit keinen Grund mehr, sie noch länger festzuhalten. Das Hochblatt beginnt zu welken und endlich finden die unzähligen Mückenbeine wieder vernünftigen Halt. Gleichzeitig erschlaffen auch die Sperrborsten am Ausgang der Röhre und geben den Weg frei. Spätestens nach 24 Stunden erblicken die Schmetterlingsmücken wieder das Licht der Welt. Gefüttert, gewärmt und gepudert. Es gibt wirklich bedeutend weniger fürsorgliche Gastgeber als den Aronstab.

Doch die Geschichte geht weiter: Schon nach kurzer Zeit in Freiheit wittert eines der erfolgreich entkommenen Schmetterlingsmückenweibchen einen ungemein verheißungsvollen, geradezu unwiderstehlichen Duft. Es ist das Aroma flüssigen Goldes, eine göttlich urinöse Komposition, die paradiesische Zustände für die noch ungelegten Eier verheißt.

Nichts wie hin …!

Anmerkungen:

[1] *Arum maculatum.*

[2] *Spatha.*

[3] Die gesamte Pflanze ist giftig und enthält als Wirkstoff in großen Mengen das Salz der Oxalsäure und einen Scharfstoff (Aroin). Eine Vergiftung äußert sich in Entzündungen der Mundschleimhäute, Anschwellen der Lippen und schmerzhaftem Brennen. Bei schweren Vergiftungen kann es zu unregelmäßigem Herzschlag, Krämpfen und inneren Blutungen kommen. Bei Kühen und Pferden können Erbrechen, Durchfall, Krämpfe, Herzrhythmusstörungen sowie Leber-und Nierenschäden auftreten.

[4] *Araceae.*

[5] *Arum maculatum.*

[6] *Calla palustris.*

[7] *Acorus calamus.*

[8] Der Kalmus wurde von Alexander dem Großen aus Indien nach Kleinasien gebracht, über die Türkei kam er 1570 nach Mitteleuropa. Die Pflanze galt als gutes Heilmittel für Erkrankungen des Magen-Darm-Trakts.

[9] *Monstera.*

[10] *Philodendron.*

[11] *Amorphophallus titanum.*

[12] Sie wird zunächst in ihre Bausteine Glucose gespalten und dann in einem flammenlosen Oxidationsprozess (ähnlich wie beim Rosten von Metallen)»verheizt«.

[13] Normalerweise sind Blüten zwittrig, d. h., sie enthalten sowohl die männlichen als auch die weiblichen Fortpflanzungsorgane. Der Aronstab als ein Sonderfall ist einhäusig *(monözisch)*, d. h., auf derselben Pflanze existieren sowohl rein weibliche als auch rein männliche Einzelblüten. Bei zweihäusigen Pflanzen *(diözisch)* (z. B. Brennnessel, Weiden) sitzen männliche und weibliche Blüten auf verschiedenen Exemplaren der Pflanze.

[14] *Calorigene.*

[15] Diese Substanzen entstehen normalerweise beim Abbau von Proteinen (Verwesung, Ausscheidung).

[16] *Psychodidae.*

[17] Weitere Vertreter dieses Typs sind der Frauenschuh *(Cypripedium calceolus)*, die Osterluzei *(Aristolochia clematis)* und die Leuchterblume *(Ceropegia woodii)*.

Gefährliche Findelkinder
– der Schwarzgefleckte Bläuling

Es ist Ende Juli und die Sonne brennt endlich einmal wieder auf das Sandbeet vor meinem Haus. Feldthymian und Dost duften in nasenbetörender Lautstärke, auf diesem mageren Standort produzieren sie ihre ätherischen Öle am verschwenderischsten. Es »wuselt« nur so von begeisterten Insekten, die Schlange fliegen, um den frisch produzierten Nektar-Shake zu zapfen. In vorderster Front dröhnen Hummeln und andere, etwas leichtgewichtigere, Wildbienen, aber heute stellt sich auch ein ganz besonderer Gast ein. Obwohl die Familie der Bläulinge[1] ein Drittel aller Tagfalterarten stellt, ist der Falter mit den schwarzen Flecken auf den Flügeldecken eine echte Rarität, die ich heute zum ersten Mal in freier Wildbahn sehe: ein Schwarzgefleckter Bläuling[2].

Wow, jetzt bin ich aber echt beeindruckt!

Der Lebenszyklus dieses Schmetterlings ist ebenso verrückt wie faszinierend und die Ansprüche an seinen Lebensraum so komplex, dass er in England trotz aufwendiger Schutzmaßnahmen schon im Jahr 1979 endgültig in die ewigen Jagdgründe flatterte. Für sein Überleben braucht er nämlich auf Gedeih und Verderb einen artfremden Partner, die Kolonie einer ganz bestimmten Knotenameise[3].

Was um alles in der Welt haben denn Ameisen mit einem Schmetterling zu tun? Außer dass sie ihn bei der ersten sich bietenden Gelegenheit »zum Fressen gern« haben?

Im Gegensatz zur Raupe hat der Schmetterling nur eine erschreckend kurze Lebenszeit von etwa fünf Tagen. Sorglos von Blüte zu Blüte flattern ist also zunächst mal nicht angesagt, die Zeit brennt ihm auf den Flügeln. Unmittelbar nach der Paarung legt er seine Eier einzeln an Blütenknospen ab. Ameisenbläulinge sind bei der Wahl ihrer Futterpflanzen extrem heikel, der Schwarzgefleckte Bläuling wählt ausschließlich Feldthymian und Dost als Buffet für seinen Nachwuchs aus, deshalb vermutlich auch der Abstecher zu meinem Sandbeet.[4] Die schlüpfenden Räupchen bohren sich sofort in die Blütenknospen und vertilgen innerhalb der nächsten drei Wochen das Knospeninnere. Sich außen an einer Futterpflanze den Wind um die Nase wehen zu lassen, wäre ja gut und schön, aber Vögel, Amphibien und die wenig wohlwollenden Mitstreiter aus dem Insektenreich haben einen von rein kulinarischem Interesse geschärften Blick. Unnötige öffentliche Auftritte können also für die Raupe rasch zu einem finalen Bad in irgendwelchen Verdauungssäften führen.

Nach drei Wochen durchbricht die jetzt 3 bis 4 mm große Raupe schlagartig die bisher erfolgreiche Taktik der völligen Diskretion und verlässt im Schutze der Dämmerung ihre schützende Hülle. Mit ihrer stark gewölbten Oberseite und den verjüngten Vorder- und Hinterenden gleicht sie eher einer kleinen Assel als einer »anständigen« Schmetterlingsraupe. Ihr Verhalten scheint noch befremdlicher, sie lässt sich kurzerhand auf den Boden fallen und verbirgt sich dort unter Pflanzenteilen oder in kleinen Erdspalten. Dort wartet sie nun schicksalsergeben.

Worauf? Natürlich auf eine Ameise!

Rein prinzipiell wird sich jede Ameise, die auf einen derart kompakten Proteinsnack stößt, immer von ganzem Herzen freuen, diese Freude ist dann allerdings – wie so oft – ausschließlich einseitig. Die Raupe setzt daher alles auf eine Karte, entweder sie trifft »ihre« Knotenameise oder das war's! Sollte eine Raupe das Glück haben, weder unentdeckt zu bleiben noch auf der Speisekarte irgendeines Raupenliebhabers zu landen, vollzieht sich ein bizarres Ritual zwischen Raupe und Ameise.

Dazu greift die Raupe tief in die Trickkiste und setzt ein chemisches Tarnkäppchen ein. Ameisen verständigen sich nämlich vor allem durch eine »Duftsprache« mittels flüchtiger Substanzen, den sogenannten Sozialhormonen oder Pheromonen. Die Raupe duftet nun genau im »Dialekt« dieser Ameisenart. Ein Objekt, das derart gut »ameisianisch« riecht, weckt zunächst einmal keine Aggression, sondern Neugierde von Seiten der Ameise, die erste Gefahr ist damit schon einmal gebannt und die Raupe wird ausgiebig mit den Fühlern betrillert.

Uff!

Um auf Nummer sicher zu gehen, scheidet die Raupe dabei zusätzlich aus einer Honigdrüse auf dem Rücken eine wässrige Zuckerlösung aus. Welche Ameise könnte dieser kalorienträchtigen, süßen Versuchung widerstehen? (Zumal man sich bei einem festen Außenskelett aus Chitin auch keine Sorgen

um die Linie zu machen braucht.) Zu guter Letzt krümmt sich die Raupe s-förmig und bläht die ersten paar Segmente auf, damit ähnelt sie nun auch optisch einer Ameisenlarve. Die so trickreich hinters Licht geführte Ameise beschließt nun irgendwann, diese etwas wunderliche Ameisenlarve zu »adoptieren« und trägt sie ins Nest. Das gesamte Adoptionsritual kann bis zu vier Stunden dauern. Im Nest landet die Findelraupe beim Ameisennachwuchs und wird dort wie die eigenen Larven geleckt und gepflegt. In dieser Phase verabschiedet sich die Raupe endgültig von ihren bisherigen vegetarischen Grundsätzen und fängt an, hemmungslos die umliegenden Ameisenlarven zu verputzen.[5] Ihr Appetit ist dabei so gesegnet, dass eine Ameisenkolonie nur maximal ein bis zwei Raupen verkraften kann.

Die Bläulingsraupe schlägt also drei Fliegen mit einer Klappe: Sie kann künftig auf Regenschirm und Ohrwärmer verzichten und sitzt geschützt und trocken im Ameisenbau. Das gesamte Arsenal eines Ameisenstaats steht zu ihrer Verteidigung bereit, Fressfeinde und Parasitoide[6] müssen es also erst einmal schaffen, bis zu ihr vorzudringen. Und schließlich wird sie von einem unermüdlich ergänzten Vorrat von leckeren Ameisenlarven umgeben.[7] Herz, was willst du mehr?

Den ungemütlichen Winter verbringt die Raupe gut geschützt im Ameisenbau.

Im nächsten Frühsommer verpuppt sich die Raupe kurz unter der Nestoberfläche, innerhalb von drei Wochen vollzieht sich im Inneren der Puppe die fantastische Verwandlung zum Schmetterling. Nach dem Schlüpfen steht der junge Schmetterling nun aber plötzlich vor einem massiven Problem. Nur die Raupe kann die tarnenden Pheromone produzieren, der frisch geschlüpfte Schmetterling löst dagegen den sofortigen kollektiven Großalarm »Feind im Bau« aus und sieht sich schlagartig einer Armee von aufgestörten und übellaunigen Ameisen gegenüber. Als einzigen Schutz ist der Körper des Bläulings dick mit wolligen, lose aufsitzenden Schuppen bedeckt. Jede Ameise hat zunächst nur die Kieferklauen voll mit diesem pudrig brösligen Material, als würde sie eine Rüstung aus Cornflakes attackieren, findet aber beim Zubeißen keinen festen Halt.

Ganz schön frustrierend! Trotzdem tut der Schmetterling gut daran, schleunigst die Beine in die Hand zu nehmen und das rettende Freie zu erreichen, vermutlich findet hier der Entwicklungszyklus etlicher Bläulinge ein frühzeitiges Ende.

Sobald ein Schmetterling erfolgreich das Weite gesucht hat, pumpt er – erleichtert aufseufzend – Hämolymphe[8] in die Adern seiner Flügel, die in diesem Stadium einem nassen, zerknüllten Putzlumpen ähneln. Dabei entfalten sich die Flügel nach und nach wie eine aufgeblasene Luftmatratze, bis sie schließlich ihre volle Größe erreichen. In dieser Phase sind sie noch weich und empfindlich wie nasses Löschpapier, erst nach einem mehrstündigen Härtungsprozess kann der Falter endlich zu seinem Jungfernflug abheben und sich auf die Suche nach einem Geschlechtspartner machen. Eine Lebenszeit von fünf Tagen lässt nur wenig Raum für gemütliche Romanzen.

Die »eigensinnigen« Ansprüche des Schwarzgefleckten Bläulings an seine Umgebung haben schon vielen Naturschützern graue Haare beschert.

Zunächst müssen ausreichende Bestände von Dost oder Feldthymian vorhanden sein, um den Bläuling zur Eiablage zu animieren und die dreiwöchige Kinderstube für die Raupen sicherzustellen. Der ganze Thymian hilft aber nichts, wenn nicht auch die richtige Ameisenart bereitsteht, um über die abgesprungenen Raupen zu »stolpern« und sie ins Nest zu tragen. Gibt es zu wenige Kolonien der Sabuleti-Knotenameise, landen zu viele Bläulingsraupen im gleichen Nest. Dort vertilgen sie mehr Brut, als die Ameisen »nachliefern« können, sie fressen sich buchstäblich um ihre eigene Existenz.

Umfangreiche Schutzmaßnahmen in England waren völlig für die Katz, der rücksichtslose Falter verschwand sogar ausgerechnet aus den fünf Naturschutzgebieten, die eigens für ihn eingerichtet worden waren.

Ein umfangreiches Forschungsprojekt entdeckte – leider zu spät – das fehlende Teil im Puzzle. Die Sabuleti-Knotenameise kommt nur an warmen, trockenen Hängen in ausreichender Koloniezahl vor. Dort muss das Gras vom Vieh so stark abgeweidet werden, dass die Bauten ausreichend von der Sonne aufgeheizt werden. Sobald das Gras zu hoch wird, schnüren die Ameisen ihre Bündel und wandern aus, damit war es auch für den Bläuling an der Zeit, sich nach einem passenden Requiem umzusehen. »Natürlich« hatte man das Weidevieh völlig aus diesen Naturschutzgebieten verbannt und damit unwissentlich den Teufel durch Belzebub ersetzt. Auch ein Rindvieh kann also durchaus naturschützerisch tätig sein. 1979 verschied unwiderruflich der letzte Schwarzgefleckte Bläuling in England. Ob die Wiederansiedelungsversuche erfolgreich sein werden, kann man nur abwarten.

Etwas wehmütig betrachte ich den schillernden Falter der von Thymianpflanze zu Thymianpflanze gaukelt. Mein Naturgarten bietet ja wirklich viel, aber ich fürchte die Knotenameise *Myrmica sabuleti* steht leider nicht im Angebot.

Mögen deine Schwestern erfolgreicher sein als du, und möge uns der Anblick deiner Schönheit in Mitteleuropa noch länger erhalten bleiben!

Anmerkungen:

[1] In Mitteleuropa etwa 50 Arten.

[2] *Maculinea arion.*

[3] *Myrmica sabuleti.* Diese Lebensgemeinschaften mit Ameisen *(Myrmekophilie)* gilt für alle Vertreter der Gattung *Maculinea:*
 – Die Raupe des Kleinen Moorbläulings *(Maculinea alcon)* lebt bei *Myrmica ruginodis.*
 – Die Raupe des Großen Moorbläulings *(Maculinea teleius)* lebt bei *Myrmica scabrinodis.*
 – Die Raupe des Schwarzblauen Bläulings *(Maculinea nausithous)* lebt bei *Myrmica rubra.*

[4] Kleiner Moorbläuling: Eiablage am Lungenenzian *(Gentiana pneumonanthe).*
Großer Moorbläuling: Eiablage am Großen Wiesenknopf *(Sanguisorba officinalis).*
Schwarzblauer Bläuling: Eiablage ebenfalls am Großen Wiesenknopf, aber an jüngeren Blütenknospen als beim Großen Moorbläuling.

[5] Beim Schwarzblauen Moorbläuling vertilgt die Raupe in ihrer von Ende August bis Ende Juni dauernden Entwicklung im Ameisenbau etwa 600 Ameisenlarven.

[6] Im Gegensatz zu Parasiten (z. B. Bandwurm, Flöhe, Läuse) töten Parasitoide ihren Wirt. Häufig entwickeln sie sich im Inneren eines Wirtsorganismus und höhlen diesen im Verlauf ihrer Entwicklung komplett aus.

[7] Die Raupe des Kleinen Moorbläulings scheint den am weitest entwickelten Pheromon-Cocktail zu besitzen. Sie ist stets von einer Traube von Ameisenarbeiterinnen umgeben und wird sogar aktiv von ihnen gefüttert.

[8] Insekten haben ein »offenes« Blutgefäßsystem, d. h., die Blutflüssigkeit zirkuliert nicht ausschließlich in geschlossenen Gefäßen, sondern auch frei in der Leibeshöhle. Eine Trennung in Blut und Lymphe wie bei den Wirbeltieren erfolgt hier nicht.

Per Anhalter ins Nektarparadies – der Ölkäfer

Es ist Ende April und jenseits aller Hoffnung kommt das Frühjahr nun doch langsam in die Gänge. Durch das Gras schiebt sich schaukelnd und schwerfällig ein »Maiwurm«.

Insekten repräsentieren mit weit über einer Million Arten vier Fünftel des gesamten Tierreichs, und die ebenso bewundernswerte wie undankbare Sisyphusaufgabe der Zoologen besteht darin, jede dieser Arten in einer systematischen Ordnung einzugliedern, das heißt eine passende »Schublade« für sie zu finden. Bei der Wahl der passenden Schublade scheiden sich die Geister, das führt oft zu erbitterten, (meist) verbalen Duellen unter den Systematikern.

Den Insekten ist es dagegen ziemlich schnurz, wie sie heißen, und auch der Volksmund ignoriert diese emsigen, taxonomischen Diskussionen mit fröhlicher Unbekümmertheit. Bei diesem »Wurm« handelt es sich daher in Wirklichkeit um einen Ölkäfer[1]. Trotz der fast 6.000 Käferarten in Mitteleuropa lässt sich diese Gattung an den perlschnurartigen Fühlern, der schwarzblauen Färbung, dem weichhäutigen Körper, dem klar abgesetzten Kopf und dem massig aufgetriebenen Hinterleib einigermaßen sicher bestimmen. Vor allem bei den Weibchen sind die Deckflügel stark verkürzt, es sieht aus, als hätte der Käfer versehentlich seine »Kinderflügel« behalten. Die sonst bei Käfern üblichen häutigen Hinterflügel, die in Ruhe sorgfältig gefaltet unter den Deckflügeln liegen, fehlen komplett.

Schon beim ersten Blick wird klar: Hier stößt die Aerodynamik an ihre Grenzen. Der Maiwurm fliegt ungefähr halb so gut wie eine Auster, nämlich gar nicht – hier ist also lebenslängliches »Walking« angesagt.

Auch die Bewegungen am Boden wirken eher schwerfällig. Wenn man die Familie der Sandlaufkäfer[2] als die »Gazellen«

der Käferwelt betrachtet, handelt es sich hier eher um die »Schildkröten«. Schuld daran ist bei den Weibchen der unförmig aufgetriebene Hinterleib, der 4.000 bis 10.000 Eier enthalten kann. Den Grund für diese Eierschwemme werden wir später noch erkennen!

Der unbeholfene Krabbler scheint zunächst eine leichte Beute für Insektenfresser zu sein, aber er hat zu seinem Schutz einen raffinierten Verteidigungsmechanismus entwickelt. Bei Gefahr oder Störung lässt er aus Poren in den Beingelenken aktiv bernsteinfarbige, ölige Blutflüssigkeit austreten (Reflexblutung). Dieses Verhalten ist vor allem auch von den Marienkäfern gut bekannt. Das Ausscheiden eines obskuren Tropfens alleine würde jedem potentiellen Liebhaber eines Käfer-Buffets nur ein müdes Lächeln abringen, aber die Blutflüssigkeit enthält ein hochwirksames Reiz- und Nervengift, das Cantharidin.

Der Philosoph Sokrates setzte 399 v. Chr. seinem Leben durch den legendären »Schierlingsbecher« (Extrakt des Gefleckten Schierlings[3]) ein Ende. Auch das aus Käfern gewonnene Cantharidin wurde damals im griechischen Altertum häufig zur Vollstreckung von Todesurteilen durch Gift eingesetzt, nicht unbedingt ein schöner Tod[4].

Cantharidin wird zur Entfernung von Warzen, zur Hautreiztherapie, bei Giftmorden und auch als Aphrodisiakum eingesetzt. Vor allem beim letzten Anwendungsbereich hat die »Spanische Fliege«[5] als primitive Viagra-Vorläuferin Berühmtheit erlangt.

Der deutsche Artname der Spanischen Fliege treibt dem Systematiker wieder einmal die Tränen der Verzweiflung in die Augen. Zum einen handelt es sich bei dieser »Fliege« natürlich ebenfalls um einen waschechten Käfer, zum anderen findet man ihn nicht ausschließlich in Spanien, sondern in ganz Südeuropa und allen wärmeren Gebieten Mitteleuropas.[6] Der getrocknete Käfer wurde zermörsert, die Genitalien mit dem so gewonnenen Pulver eingerieben. Durch die starke Reizung kommt es angeblich zur Erektion. Vielleicht hätte ein Tauchbad in verdünnter Batteriesäure ja ähnliche Wirkung, ehrlich gesagt mag ich mir das resultierende Gefühlserleben gar nicht ausmalen. Das sexuelle Verlangen selbst wird durch die Einnahme von Cantharidin nicht gesteigert, das glaube ich nun wirklich aufs Wort!

Bei der oralen Einnahme kommt es angeblich ebenfalls zu schmerzhaften Dauererektionen. Überdosierung kann zu bleibender Impotenz, Kreislaufkollaps und Nierenversagen führen. Zusammenfassend scheint mir persönlich Cantharidin zum Einsatz beim Giftmord deutlich geeigneter zu sein.

Aber zurück zu unserem Käfer[7] und zu den eingangs erwähnten Eiermengen von bis zu 10.000 Stück[8]: Unser Weibchen legt seine Eier in mehreren Portionen in selbst gegrabene Erdlöcher ab, die anschließend wieder zugescharrt werden, darin erschöpft sich ihre Sorge um den Nachwuchs.

Wir verlassen nun Mama Käfer endgültig und widmen uns ausschließlich der Entwicklung der Larven. Ihre Entwicklung

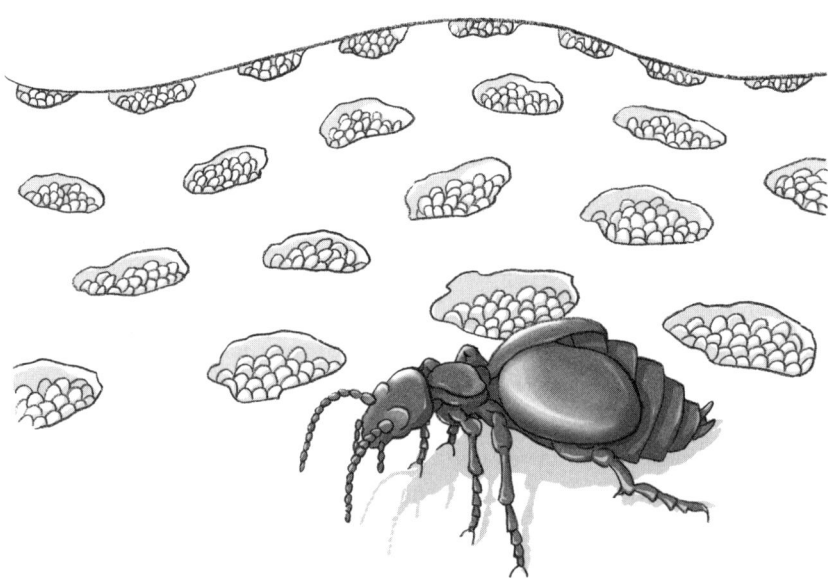

gehört zu den unglaublichsten Geschichten aus dem Reich der Käfer.

Zum besseren Verständnis vorher ein kurzer Überblick über die »seriöse« Entwicklung eines Insekts:

Grundsätzlich lassen sich zwei Formen der Entwicklung unterscheiden, die vollkommene Verwandlung (Holometabolie) und die unvollkommene (Hemimetabolie). Lassen Sie sich bitte von den Fachbegriffen nicht abschrecken und vergessen Sie sie ruhig sofort wieder, es geht hier nur um das Prinzip!

Zur Veranschaulichung schnappen wir uns aus jeder Gruppe jeweils ein Ei kurz vor dem Schlüpfen (bitte nicht fallen lassen!):

Aus dem ersten Ei schlüpft eine junge Heuschrecke. Obwohl sie winzig ist und noch keine voll ausgebildeten Flügel hat, wird sie selbst ein ahnungsloser Betrachter sofort als Heuschrecke erkennen. Der Chitinpanzer der Insekten kann – ähnlich wie eine Ritterrüstung – nicht mitwachsen, daher erfolgt in regelmäßigen Abständen eine Häutung. Nach jeder dieser Häutungen ähnelt die Larve dem voll ausgebildeten, geschlechtsreifen Insekt[9] ein Stückchen mehr. Hier handelt es sich um die unvollkommene Verwandlung (Hemimetabolie).[10] Obwohl der Vergleich natürlich ganz grässlich hinkt: Die Entwicklung von uns Menschen würde eher in diese Gruppe passen.

Nun zu Ei Nummer zwei!

Aus ihm schlüpft ein bleiches, madenähnliches »Etwas«. Sie fragen mich, was genau? Äh … keinen Schimmer, woher zum Kuckuck soll ich das denn wissen?! Egal, ob es sich hier um eine Biene, eine Wespe, eine Mücke, eine Fliege oder einen Käfer handelt, in diesem Entwicklungsstadium sehen alle Larven weitgehend gleich aus. Daran ändert sich auch nach den Häutungen nicht allzu viel.

Zwischen dem letzten Larvenstadium und dem Vollinsekt ist eine Ruhephase zwischengeschaltet, das Puppenstadium. Erst aus dieser Puppe schlüpft schließlich irgendwann das fertige Insekt. Der typische Werdegang einer Schmetterlingslarve (Raupe), Fliegenlarve (Made) oder Käferlarve (»Mehlwurm«, »Drahtwurm«, Engerling) verdeutlicht diesen Typ der vollkommenen Verwandlung. Weitaus die meisten Insektenarten entwickeln sich auf diese Weise. Und jetzt endgültig zurück zu unseren Ölkäfern!

Offensichtlich haben diese irgendwann im Verlauf der Evolution beschlossen: »Hey, Jungs, lasst uns die Biologen ein bisschen in den Wahnsinn treiben!«

Aus den Eiern schlüpfen 2 mm große, sehr bewegliche Larven[11] mit langen Beinen und zwei fadenförmigen Hinterleibsanhängen, die mit »normalen« Käferlarven (zum Beispiel einem Maikäfer-Engerling) wirklich nicht die geringste Ähnlichkeit haben. Jean Marie Léon Dufour, der völlig verwirrte Erstbeschreiber, wusste mit diesem seltsamen Gewusel zunächst nichts anzufangen. Verwirrte Systematiker neigen dazu, neue Arten zu definieren, daher beschrieb er diese Larve kurzerhand als »Dreiklauer«[12]. Problem gelöst!

Die Larven besteigen nach dem Schlüpfen die Blüten typischer Frühjahrsblüher wie Scharbockskraut, Buschwindröschen, Frühlingsfingerkraut und Huflattich. Diese farbigen und duftenden Plattformen dienen den Larven als »Taxistand«. Für ihre weitere Entwicklung müssen sie nämlich auf Gedeih und Verderb in die Nester von solitären Wildbienen gelangen.[13] Dabei handelt es sich ausschließlich um im Erdboden nistende Arten.[14] Die Strategie der Ölkäferlarven ist ebenso simpel wie optimistisch: »Klammere dich an allem fest, was auf deiner Blüte landet, und harre der Dinge die da kommen«. Hier handelt es sich um die Ölkäfervariante von russisch Roulette, denn die Wahl eines falschen Transportvehikels ist gleichbedeutend mit einem Flug in die ewigen Jagdgründe! Stellen Sie sich zur Veranschaulichung dieser Problematik vor, Sie besteigen in London wahllos irgendeinen Bus und vertrauen darauf, dass er Sie genau zu Ihrem Ziel bringt. Derartiger Optimismus ist schon etwas weltfremd! Die Verluste beim

Ölkäfernachwuchs sind immens, das erklärt nun endlich auch die enorme Eiproduktion des Weibchens.

Eine Larve, die ausnahmsweise eine richtige »Fluglinie« erwischt hat, lässt sich im Inneren der Brutzelle fallen, sobald die Wildbiene dort ihren Pollen abliefert, und verzehrt zunächst das Bienenei. Im Anschluss erfolgt die erste Häutung. Die kurzbeinige, madenartige Zweitlarve hat mit der agilen Erstlarve nicht mehr die geringste Ähnlichkeit. Sie vertilgt den Pollen-Nektar-Brei und dringt anschließend in eine oder mehrere weitere Brutzellen ein, deren Inhalt sie ebenfalls ratzekahl verputzt. Nach weiteren Häutungen gräbt sich die Larve in das umgebende Erdreich ein.[15] Im Frühjahr verpuppt sich die Larve, aus der Puppe schlüpft schließlich der fertige Käfer und der Kreis schließt sich wieder einmal.

Die Larven der Spanischen Fliege[16] scheinen unter Flugangst zu leiden oder kein Vertrauen in die Summsumm-Airline zu haben, sie marschieren nämlich gleich direkt zu den Erdnestern der Wildbienen. Besser Wasserblasen an den Larvenfüßen als dieser Ärger mit falschen Fluglinien!

Für mich ist diese völlig »verrückte« Art der Fortpflanzung wieder einmal ein wunderschönes Beispiel, wie ungeheuer komplex, aufregend und faszinierend die Welt der Insekten sein kann. Für all diese Mechanismen, für ihre Schönheit und Einmaligkeit, ist meines Erachtens neben den sicherlich existierenden Gesetzen der Evolution noch etwas Weiteres erforderlich: Nennen wir es schöpferische Energie, nennen wir es einen spirituellen Zündfunken oder göttlichen Impuls.

Aber das ist nur meine ganz persönliche Überzeugung, die selbstverständlich niemand teilen muss.

Möget ihr im Leben stets die richtige »Fluglinie« erwischen!

Anmerkungen:

[1] Familie *Meloidae*: Ölkäfer, Blasenkäfer, Pflasterkäfer; Gattung *Meloe*.

[2] *Cicindelidae*.

[3] *Conium maculatum*.

[4] Auf der Haut und vor allem auf Schleimhäuten führt das Gift zur Blasenbildung (daher auch der Name: »Blasen«käfer!), Entzündung und häufig zu tiefen Nekrosen (Gewebszerstörungen). Bei Einnahme kommt es zu brennenden Schmerzen im Mund und Speiseröhrenbereich, Schluckbeschwerden, Erbrechen, Leib- und Nierenschmerzen, Magenkrämpfen, starkem Harndrang und schließlich zu Leber- und Nierenversagen und Kreislaufkollaps. Die tödliche Dosis für den Menschen liegt zwischen 0,5 – 20 mg / kg Körpergewicht. (Ein Igel hingegen toleriert Werte von 140 mg / kg Körpergewicht, d. h., er kann es sich durchaus leisten, einige dieser Käfer zu verspeisen!) Ein spezifisches Gegengift (Antidot) existiert bisher nicht. Beim Verfüttern von Heu aus Luzernefeldern kommt es in den USA immer wieder zu schweren Vergiftungen und Todesfällen bei Pferden, denn die im Heu enthaltenen Vertreter der *Meloidae* verlieren auch im getrockneten Zustand nichts von ihrer Giftigkeit.

[5] *Lytta vesicatoria*.

[6] Der Käfer ernährt sich ausschließlich von Ölbaumgewächsen *(Oleaceae)* wie Liguster, Flieder und Eschen.

[7] Im Zweifelsfall handelt es sich um *Meloe violaceus* oder *Meloe proscarabaeus*, die beiden häufigsten einheimischen Ölkäferarten.

[8] Der Totengräber *(Nicrophorus spec.)*, ein Vertreter der einheimischen Aaskäfer, die intensive Brutpflege betreiben, beschränkt sich auf 10 – 20 Eier.

[9] Imago.

[10] Diese Form finden wir beispielsweise bei Heuschrecken, Grillen, Schaben und Gottesanbeterinnen.

[11] *Triungulinen*.

[12] *Triungulinus andrenetarum*.

[13] Die bevorzugte Zielgruppe sind Seidenbienen *(Colletes)*, Sandbienen *(Andrena)*, Pelzbienen *(Anthophora)* oder Langhornbienen *(Eucera)*.

[14] Der geschlechtsreife Käfer ist bis zu 3,5 cm groß und hätte in den typischen Niströhren von hohlraumbesiedelnden Wildbienenarten (Käferfraßgänge im Holz, Pflanzenstängel) schlicht und ergreifend keinen Platz.

[15] Dort wird ein Ruhestadium innerhalb der letzten Larvenhaut eingeschaltet (sozusagen eine Ritterrüstung innerhalb der Ritterrüstung), die »Scheinpuppe«, die in diesem Zustand überwintert. Im Frühjahr erfolgt eine weitere Häutung zu einer madenartigen Larve, die aber keine Nahrung mehr aufnimmt, dann erfolgt die endgültige Verpuppung. Um das biologische Chaos perfekt zu machen, kann bei einzelnen Arten das Scheinpuppenstadium ausfallen oder sogar doppelt auftreten.

[16] *Lytta vesicatoria*.

Es muss nicht immer Kaviar sein – Ernährungs- und Beutefangstrategien

Wenn Bienen in die Röhre schauen – die Löcherbiene

Es ist Ende Juli und ausnahmsweise lässt sich die Sonne wieder einmal blicken. Auch die nächsten Tage sollen laut Wetterbericht trocken und frostfrei bleiben. Herz, was willst Du mehr in deutschen Landen?

Ein Fluggeschwader von etwa zehn Löcherbienen[1] umschwirrt emsig die Kaffeedose (Lavazza Espresso, 100 Prozent Arabica, prodotto in Italia) auf meinem Balkon. Ihr Interesse gilt nicht einem stärkenden Espresso, sondern den Naturstrohhalmen, die in einer dünnen Gipsschicht am Boden der Dose eingebettet sind.

Die 6 bis 8 mm großen Wildbienenwinzlinge nisten in freier Wildbahn in Käferfraßgängen und hohlen Pflanzenstängeln (daher der deutsche Name), sie nehmen aber auch künstliche Nisthilfen mit Begeisterung an und lassen sich daher problemlos im Garten »ansiedeln«. Ob es sich dabei um Bohrgänge von 3 bis 4 mm Durchmesser in gebranntem Ton oder Holz, um gebündelte Naturstrohhalme oder dünne, hohle Pflanzenstängel handelt, ist den Bienchen dabei schnurzegal. Wohnungsnot kennt kein Gebot!

Dank dieser Unkompliziertheit als Mieter ist diese Art im Moment auch noch recht häufig bei uns anzutreffen. So lange eine aus Sicht der Biene »vernünftige« Pollenquelle in Form von Korbblütlern[2] (Löwenzahn, Flockenblumen, Disteln, Schafgarbe und andere) vorhanden ist, tritt sie auch mitten im Siedlungsbereich[3] auf, so zum Beispiel auch auf meinem Balkon im ersten Stock.

Eine Löcherbiene erblickt frühestens Mitte Juni das Licht der Welt, ein nasskaltes Frühjahr kann sie in ihrer Brutzelle also gelassen abwarten. Richtig rund geht es dann von Anfang Juli bis Ende August, bei wohlwollendem Wetter auch noch bis Ende September. Herbst, Winter und Frühjahr verbringt der Nachwuchs als sogenannte Ruhelarve, eingesponnen in einen Kokon, aber noch nicht verpuppt.[4] Sinnvollerweise liegen alle Larven mit dem Kopf Richtung Ausgang, zum Umdrehen wäre nämlich kein Platz und ein Bienchen, das »ärschlings« orientiert wäre, hätte massive Probleme beim Schlüpfen.

Der Nistraum wird durch 0,5 bis 1 mm dicke Zwischenwände aus Harz in einzelne, voneinander isolierte Brutzellen unterteilt, Wildbienengeschwister haben also während ihrer Entwicklung nicht die geringste Chance, sich in die Haare zu geraten. Das Leben einer Löcherbiene beginnt sehr »verbissen«. Nachdem keine Türen eingebaut wurden, müssen die Trennwände vor dem Schlüpfen mit den Mandibeln zerlegt werden. Das ist aber keine wirkliche Herausforderung für eine tatendurstige Jungbiene, wer zehn Monate lang nur in die Röhre geschaut hat, hungert schließlich nach sportlichem Ausgleich.

Ein klitzekleines Problem gibt es allerdings!

Der Besitzer des billigsten Platzes in der ersten Reihe hat wirklich schlechte Karten. Der den Nesteingang verschließende Harzpfropf ist bis zu kapitale 11 mm dick, da heißt es knabbern, knabbern und nochmals knabbern! Zusätzlich sind in die äußerste Schicht noch Fremdkörper eingelagert, Spelzen, Holzfasern, Pflanzenteilchen oder schlimmstenfalls sogar kleine Steinchen.

Die Männchen befinden sich immer in den vordersten Brutzellen[5] und schlüpfen einige Tage vor den Weibchen, daher erwischt die undankbare Aufgabe, den Nesteingang freizuknabbern, ausschließlich die Herren der Schöpfung. Auch hier wird also wieder das ebenso beliebte wie häufig unzutreffende Klischee vom starken Mann bedient! Andererseits besteht hier für echte Kerle die Chance, den Mund mal so richtig voll zu nehmen.

Die vorderste Brutzelle ist – vermutlich als Schutz vor Parasitoiden[6] – meist leer. Der Pechvogel (der ja eigentlich ein

Pechbienerich ist) durchbeißt also zunächst mühelos die dünne Zwischenwand seiner Kinderstube, krabbelt freudestrahlend durch die leere anschließende Zelle und stößt dann ohne Vorwarnung auf sein Waterloo. Auch nach dem ersten Durchbruch nach außen dauert es oft noch Stunden, bis das Loch groß genug zum Schlüpfen ist.

Sobald die Männchen geschlüpft sind, warten sie in unmittelbarer Umgebung des Nestes in freudiger Erwartung auf die einige Tage später schlüpfenden Weibchen. Die mühsame Suche nach einem Paarungspartner entfällt damit komplett, abwarten und Nektar trinken genügen völlig.

Nach der Paarung hat das Männchen seine Lebensaufgabe erfüllt, die komplette Sorge um den Nachwuchs liegt nun auf den schmalen Schultern der befruchteten Weibchen. Honigbienenköniginnen mit ihrem kompletten Hofstaat aus zigtausend Arbeiterinnen haben es da echt leichter als eine »solitäre«, das heißt völlig auf sich allein gestellte Wildbienenkönigin. Der komplette Staat besteht nur aus ihr selbst, Verstärkung ist nirgends in Sicht. Lausige Arbeitsbedingungen!

Nun denn, frisch auf ans Werk! Was zieht eine brave Hausfrau gnadenlos jedes Frühjahr durch? Richtig, den Hausputz!

Sobald das Bienenweibchen sein Traumappartement gefunden hat, macht es zunächst einmal Klarschiff. Im Rückwärtsgang werden alte Pollenreste, Kot und Kokonteile nach außen geschoben und bröseln nach und nach aus dem Einflugloch.[7] Die Nester der Löcherbienen sind schon an den Müll-Endmoränen am Boden darunter zu erkennen.

Sobald das ästhetische Empfinden des Bienchens befriedigt ist, kann es sich endgültig der Sorge um den Nachwuchs widmen.

Wildbienenlarven werden mit einer sehr gehaltvollen Mischung aus Pollen (Blütenstaub) und Nektar ernährt, dieser Vorrat wird von der rasch heranwachsenden Larve innerhalb von drei Wochen komplett verdrückt. Honig, das heißt eingedickter und durch Drüsensekrete weiterverarbeiteter Nek-

tar, kommt ausschließlich in den Waben der Honigbiene vor. Da ein Teil der Arbeiterinnen zusammen mit der Königin überwintert, dient er sozusagen als »Heizöl« für die kalte Jahreszeit.

Im Gegensatz zur Honigbiene oder den Hummeln haben Löcherbienen nicht die klassischen »Pollenknödel« an den Hinterbeinen. Dort wird der mit Nektar befeuchtete Pollen in eine von Haarkränzen umsäumte Grube gepresst, die Biene »höselt«.

Löcherbienen sind dagegen sogenannte »Bauchsammler«. Der Name ist etwas irreführend, da nicht Bäuche, sondern Pollen gesammelt wird. Dazu dient eine dichte Haarbürste an der Unterseite des Hinterleibs. (Ob wohl die lockige Haarpracht mancher Männerbäuche ein evolutionsgeschichtliches

Relikt zum Pollensammeln ist?) Eine vom Sammelflug heimkehrende Löcherbiene erkennt man sofort an der quietschgelben, dick bepuderten Bauchbürste.

Löcherbienen sind wählerisch – man gönnt sich ja sonst nichts – und haben sich ausschließlich auf Pollen von Korbblütlern spezialisiert, der wohl bekannteste Vertreter dieser systematischen Gruppe ist der Löwenzahn. Während die Biene den Rüssel wie eine Nähmaschine jeweils nur einen Sekundenbruchteil in die winzigen Einzelblüten[8] tunkt, um Nektar zu saugen, tupft sie den Hinterleib in rasanten, wippenden Bewegungen auf den Blütenboden, um so den Pollen aufzunehmen. Es sieht aus, als würde sie kleine Nägel in die Blüte hämmern. Auf meinem Balkon ist das nächste Wildbienen-Pollenrestaurant sehr zur Freude der Gäste gleich in unmittelbarer Nähe: Färberkamille, Schafgarbe, Alant und Greiskraut werden mit Begeisterung beflogen.

Als neuste Errungenschaft stehen in einem Kübel zehn blühende Sonnenblumen. Für 30 Cent kann man sie am Feld selber schneiden und sie blühen auch im abgeschnittenen Zustand noch lange. Vor allem die Hummeln überschlagen sich fast vor Begeisterung. Eine Löcherbiene wirkt auf dem riesigen Blütenboden einer Sonnenblume fast verloren, die Staubblätter sind teilweise so hoch, dass sie den Hinterleib nur noch in einer Art Handstand auftupfen kann, ein putziger Anblick. Nach jedem Besuch sind die Bienen von Kopf bis Fuß dick »paniert«.

Sobald eine Biene schwer beladen vom Sammelflug zurückkehrt, muss sie zunächst »ihre« Röhre wieder finden. (Schon daran würde mein Dasein als Wildbiene kläglich scheitern …) Eine derart dichte Ballung von Niströhren wie in meiner Kaffeedose kommt in freier Wildbahn nicht vor, die Biene steht also vor einem Problem, mit dem vermutlich noch keiner ihrer Ahnen jemals konfrontiert wurde. Namensschilder gibt es nicht und Strohhalme unterscheiden sich ja nicht gerade massiv voneinander.

In puncto Orientierungssinn scheint es auch bei Wildbienen gravierende Unterschiede zu geben: Manche landen souverän unmittelbar neben ihrer Röhre und verschwinden sofort zielstrebig darin. Andere verfehlen das Ziel um 1 bis 2 cm und gehen den Rest »zu Fuß«, wobei sie jeden Nesteingang kurz inspizieren, wahrscheinlich gibt es einen individuellen Nestgeruch, der das Heimfinden erleichtert. Wieder andere – ihnen gehört mein volles Mitgefühl – starten nach einem langen ergebnislosen Fußmarsch erneut durch und machen einen erneuten Versuch, oft viele Male hintereinander, bis ihre Suche dann endlich von Erfolg gekrönt ist. Chitinpanzer haben nun mal keine Taschen für Landkarten!

Die Biene kriecht zunächst vorwärts in die Röhre, um am Ende den gesammelten Nektar auszuwürgen.

Dann streift sie mit den Beinen den Pollen aus der Bauchbürste. Zumindest würde sie das gerne, aber da gibt es ein kleines Problem! Dummerweise sind die Haare der Bauchbürste nach hinten gerichtet und »gegen den Strich« kann der Pollen nicht abgestreift werden. Die Biene kann ihre gelbe Fracht also nur hinter sich ablagern. Beim Zurückkriechen – zum Umdrehen sind die Röhren zu eng – würde sie nun anschließend rückwärts durch dieses Pollenhäufchen krabbeln und die gelbe Pracht wieder über den ganzen Boden verstreuen. Das widerstrebt natürlich jeder ordentlichen Hausfrau! Kommando zurück, so geht's also offensichtlich nicht!

Stattdessen kriecht die Biene im Rückwärtsgang aus der Röhre, dreht sich außen um 180° und fädelt rückwärts wieder ein. Alles nicht so ganz einfach!

Im ersten Anlauf erwischen die Bienen nach der Drehung oft nur die Spalten zwischen den Strohhalmen.

Nach ungefähr einer Bienenlänge bemerken sie ihren Irrtum und kriechen wieder heraus. Erneute Drehung, Kopf prüfend in die Röhre stecken – die ist erstaunlicherweise offensichtlich doch immer noch vorhanden –, umdrehen, zweiter Versuch. Gleiches Spiel noch mal! Manchmal ist mir wirklich schleierhaft, wie es die Winzlinge schaffen, sich rückwärts in die knallengen Halme zu quetschen, ohne sich vorher einzuölen. Obwohl reichlich Wahlmöglichkeiten vorhanden sind, stehen manche offensichtlich masochistisch veranlagte Bienen ausgerechnet auf leicht platt gedrückte Halme, das heißt, der Hinterleib muss auch noch im richtigen Winkel gedreht werden, um erfolgreich einzufädeln. Für klaustrophobische Ängste ist im Wildbienenreich offensichtlich kein Platz, ich würde in diesen engen Röhren den schreienden Irrsinn bekommen.

Besiedelte Röhren erkennt man in der Regel schon außen an dem gelblichen Schimmer, der von abgestreiftem Pollen herrührt. Nach erfolgreichem Treffer kriecht die Biene rückwärts bis zum Ende der Röhre und streift jetzt endlich – sicherlich erleichtert aufseufzend – den Pollen aus ihrer Bauchbürste.

Halleluja, das war eine schwere Geburt!

Nach etwa dreißig Sammelflügen reicht der Pollen für die Entwicklung einer Bienenlarve aus. Auf den im hinteren Teil der Brutzelle festgestampften Pollen wird ein einzelnes Ei abgelegt, jetzt muss nur noch die abschließende Trennwand gezogen werden, alles andere erledigt der Nachwuchs dann selbst.

Eine Trennwand aus Lehm würde ich mir als Wildbiene gerade noch zutrauen, aber mit Harz würde ich vermutlich nur eine gigantische Sauerei anrichten. Wie es die Bienen schaffen, erfolgreich mit diesem unglaublich zähen, klebrigen Material umzugehen, ohne sich selbst Haare und Flügel hoffnungslos zu verkleistern, ist wirklich verblüffend, zumal auch oft noch die Wände der Brutzelle mit Harz verkleidet werden. Lärchenharz scheint bevorzugt zu werden, ansonsten sammelt die Biene ihr Harz an allen Nadelbäumen. Am Ende der Bemühungen steht dann eine 1 mm dicke Trennwand und die nächste Brutzelle kann bestückt werden. Ein Nest besteht aus durchschnittlich vier (mindestens eine, maximal zehn)

Einzelzellen, je nach Länge der Röhre. Im Schnitt sind diese Zellen etwa einen Zentimeter lang. Die letzte Zelle bleibt in der Regel frei, vermutlich, weil hier das Risiko für einen Befall durch Parasitoide am größten ist.

Ein monströser Schlusspropf aus Harz krönt und vollendet das Werk, er soll unerwünschten Eindringlingen die Lust am Besuch nehmen. Die Fürsorge des Weibchens beschränkt sich ausschließlich auf vorbeugende Maßnahmen, seine erst im nächsten Jahr schlüpfenden Nachkommen wird es nie zu Gesicht bekommen.

Bei der Gestaltung der äußersten Schicht gibt es unterschiedliche Modetrends, je nachdem, welche Materialien in das Harz eingebettet werden:

Manche Bienen verwenden Erd- und Lehmkrümel, andere knabbern das Mark aus den Holunderstängeln (ein Nistangebot für Arten, die ihre Nistgänge selbst in das Mark nagen) in der Dose und schaffen damit eine weiche, samtige Oberfläche. Die Bodybuilder unter den Wildbienen verwenden kleine Steinchen, zum Teil ist mir schleierhaft, wie sie damit überhaupt noch fliegen können. Diese Variante ist für den Nachwuchs, der sich hier im nächsten Jahr durchbeißen muss, sicher besonders »nett«.

Wenn sich zwei oder mehrere Bienen im Anflug oder bei der Landung zu nahe kommen, fliegen sie hektisch auf und starten einen erneuten Versuch, oft dauert es eine Ewigkeit, bis ein Weibchen ungestört in ihrer Niströhre verschwinden kann (manchmal denke ich, eine Ampelanlage mit grünen und roten Dioden wäre die Lösung).

Ein Löcherbienenweibchen bestückt im Verlauf seines Lebens durchschnittlich acht (bis maximal 16) Brutzellen, Ende Juli sind jetzt etwa 50 Löcher verschlossen, das macht bei durchschnittlich vier Brutzellen pro Nistanlage also etwa 200 Bienchen im nächsten Jahr.[9] Allerdings werden auch noch Pilze und Parasitoide ihren Tribut fordern.

Ich lasse einen letzten liebvollen Blick über meine Blumenkästen und die Nisthilfe schweifen. Auf den Blüten des Greiskrauts hämmern zahlreiche Bienen den Pollen in die Bauchbürste, ein verspäteter Nachzügler schiebt alte Pollenreste aus der erwählten Röhre, um sie für die neuen Brutzellen vorzubereiten. Etliche Bienchen fädeln gerade rückwärts ein, während die Sonne ihre Pollenfracht golden aufleuchten lässt. Manche Nistöffnungen sind erst mit dem klaren, glänzenden Harz verschlossen, andere werden bereits abschließend »tapeziert«.

Das hochsommerliche Wildbienenleben tobt in vollen Zügen.

Naturgärten sind etwas zutiefst Faszinierendes und Liebenswertes, selbst wenn sie nur aus einem einzigen Quadratmeter Blumenkästen bestehen.

Machen Sie den Versuch – es lohnt sich!

Anmerkungen:

[1] *Heriades truncorum = Osmia truncorum.*

[2] Löcherbienen gehören zu den »oligolektischen« Arten (lateinisch *oligos* = wenig; *legere* = sammeln), d. h. zu den Pollenspezialisten. Sie sammeln den Pollen ausschließlich an Korbblütlern *(Asteraceae)*. Typische Pollenquellen sind beispielsweise Alant, Kamille, Flockenblumen, Disteln, Schafgarbe und Ringelblume. Bei manchen oligolektischen Wildbienenarten ist die Bindung an die Pollenquelle so stark, dass die Versorgung der Brutzellen eingestellt wird, wenn die »richtige« Pollenquelle nicht zur Verfügung steht. Wo die spezifischen Nahrungspflanzen nicht vorkommen, fehlen auch die entsprechenden oligolektischen Bienenarten komplett.

[3] Die Art kommt natürlicherweise überall dort vor, wo ihr besonntes Totholz günstige Nistplätze bietet, häufig an Waldrändern oder Kahlschlägen (natürlich nur, wenn dort Holz liegenbleibt). Auch alte Holzschuppen mit »wurmstichigen« (d. h. von Käferlarven durchbohrten) Balken, alte Zaunpfähle und hohle Pflanzenstängel (vor allem Brombeere) sind als Nistplätze sehr beliebt. Meistens ist ein Nistplatzmangel der limitierende Faktor, da Korbblütler (als Pollenquelle) bei uns noch relativ häufig vorkommen.

[4] Der Pollenvorrat wird in 20 – 25 Tagen komplett vertilgt, nach etwa 45 Tagen spinnt sich die Larve ein.

[5] Bei der Eiablage kann das Wildbienenweibchen das Geschlecht des Nachwuchses bestimmen. Aus befruchteten Eiern entwickeln sich Weibchen, aus unbefruchteten Eiern Männchen. Das Sperma wird nach der Paarung vom Weibchen in einem speziellen Sammelorgan gespeichert, die Befruchtung der Eier erfolgt dann erst unmittelbar bei der Eiablage.

[6] Im Gegensatz zu Parasiten (z. B. Bandwürmer, Flöhe, Läuse) töten Parasitoide ihren Wirt. Häufig entwickeln sie sich im Inneren eines Wirtsorganismus und höhlen diesen im Verlauf ihrer Entwicklung komplett aus.

[7] Manchmal kommt es auch vor, dass ein Weibchen bereits fertig versorgte Brutzellen eines anderen Weibchens wieder komplett ausräumt. In diesem Fall werden auch die Eier oder bereits geschlüpft Larven nach draußen befördert.

[8] Auf den ersten Blick wirkt ein Löwenzahn wie eine einzige große Blüte, in Wirklichkeit handelt es sich um einen Blütenstand aus zahllosen, winzigen Einzelblüten.

[9] Zum Vergleich: Eine Königin der Honigbiene legt in der Hochsaison bis zu 2.000 Eier täglich. Sie kann sich allerdings auf einen kompletten Hofstaat aus tausenden von Arbeiterinnen stützen, während das Weibchen einer solitären Bienenart zwangsläufig Mädchen für alles sein muss.

Professionelle Schaumschlägerin
– die Wiesenschaumzikade

Es spuckt auf meinem Balkon! Ja, Sie lesen richtig: »spuckt« und nicht »spukt«! Wiesensalbei, Flockenblume, Glockenblume und Karthäusernelke sind mit weißen, blasig schaumigen Auswürfen »verziert«. Da Tabakkauen nicht zu meinen bevorzugten Hobbys gehört und meine Balkonnachbarn sich bis jetzt einigermaßen zivilisiert verhalten haben, muss es mit dieser »Spucke« eine besondere Bewandtnis haben.
Es hat!
Wenn man den Schaum vorsichtig zur Seite schiebt, stößt man auf ein blasses, plumpes »Etwas« mit auffälligen, dunklen Punktaugen, die Larve der Wiesenschaumzikade[1].
Die Familie der Schaumzikaden[2] ist mit etwa 35 Arten in Mitteleuropa vertreten. Im Gegensatz zu den Singzikaden erfreuen uns die erwachsenen Insekten nicht mit ihrem melodischen Zirpen. (Wobei ja viele Menschen über diese »Freude« sehr geteilter Meinung sind und das »beschauliche« Dröhnen eines Formel-1-Rennens vorziehen.) Die namengebenden Schaumnester, in denen sich die Larven verbergen, liegen entweder oberirdisch an Pflanzenstängeln[3] oder unterirdisch an Pflanzenwurzeln[4].
Mit Graf Dracula verbindet diese Insekten ihre Vorliebe für das »Saugen«, allerdings beschränken sie sich dabei auf Pflanzensäfte, unter anderem auch an der Knoblauchsrauke[5], hier enden die Parallelen zu den Vampiren endgültig. Wählerisch ist die Wiesenschaumzikade dabei nicht, sie nimmt, was ihr vor den Rüssel kommt, und so stehen über 170 einheimische Pflanzenarten auf ihrer Speisekarte. Ihre Mundwerkzeuge sind zu einem langen Saugrüssel verschmolzen, mit dem die Zikade die Leitungsbahnen[6] ihrer Nahrungspflanzen anzapft. Dort wird in erster Linie der in der Photosynthese gebildete Zucker zu den Wurzeln transportiert. Diese »Beute« lässt sich

relativ stressfrei erjagen, und die Zikade kann sich darauf beschränken, stundenlang auf einem Fleck zu sitzen, die Seele baumeln zu lassen und sich an der süßen Köstlichkeit gütlich zu tun.

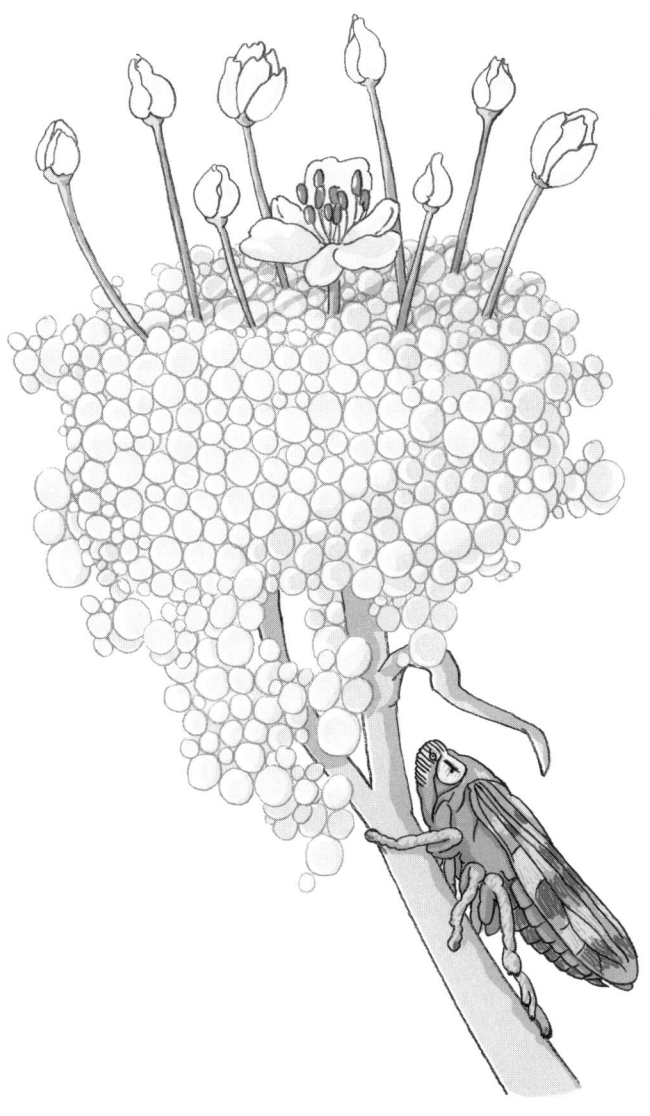

Der Photosynthese-Shake hat allerdings einen kleinen Haken: Er bietet zwar geradezu verschwenderisch Zucker, ist aber arm an Proteinen, die die Larve ebenfalls unbedingt zur Entwicklung benötigt. Sie ist daher gezwungen, große Mengen des Saftes aufzunehmen, um ihren Bedarf zu decken, mit anderen Worten: Sie säuft wie ein Loch.

Blattläuse, die sich ebenfalls durch das Anzapfen von Pflanzen ernähren, scheiden große Mengen des nicht benötigten Überschusses in Form des zuckerhaltigen Honigtaus wieder aus, dieser kalorienreiche Segen erfreut die Herzen der Ameisen und Honigbienen (im Handel ist dieses Produkt als Waldhonig erhältlich!). Auch das biblische Manna besteht aus zuckerreichen Ausscheidungen von an Tamarisken saugenden Mannaschildläusen.[7]

Schaumzikaden haben eine noch originellere Weiterverwendung für diese Ausscheidungen entwickelt: Wer stundenlang auf einem Fleck sitzt, keinerlei anatomische Strukturen zur Selbstverteidigung entwickelt hat und in den asiatischen Kampfkünsten völlig unbewandert ist, tut gut daran, leisezutreten und sich möglichst unsichtbar zu machen, um nicht als unfreiwilliges Appetithäppchen Bestandteil der Nahrungskette zu werden. Tarnung tut also not!

Stellen Sie sich vor, Sie blubbern mit einem Strohhalm in Ihr Weißbier (alle Freunde des edlen Gerstensafts mögen mir diesen sakrilegartigen Vergleich verzeihen …!). Bei diesem barbarischen Akt wird unweigerlich Schaum entstehen. Genau dieses Prinzip wendet die Larve beim »Bau« ihres Verstecks an. Durch Ausstoßen von Luftbläschen aus dem Hinterleibsende werden ihre flüssigen Ausscheidungen schaumig aufgetrieben und gleichzeitig mit einem von der Larve gebildeten Schaumbildner und -festiger versetzt. Das fertige Schaumnest übersteht sogar Regenfälle und verbirgt die Larve perfekt. Der Volksmund bezeichnet diese Gebilde als »Hexenspucke« (im Französischen »Krötenspucke«) oder »Kuckucksspeichel«, vermutlich weil zur Zeit der Entstehung im Mai/Juni der melodische Ruf des Kuckucks ständig zu vernehmen ist. Ein Massenauftreten der Weidenschaumzikade[8] verursacht das »Tränen« der Weiden, die dabei aussehen, als ob sie das Ziel bei einer internationalen Endausscheidung im Wettspucken gewesen wären.[9]

Allerdings entsteht bei dieser Lebensweise ein klitzekleines Problem. Stellen Sie sich bitte entspannt auf den Boden eines zwei Meter tiefen, mit Schlagsahne gefüllten Beckens. So, und jetzt atmen Sie bitte einmal ganz tief durch. Genau! Sie haben das Problem sofort erkannt!! Insekten atmen nicht wie wir über Lungen, sondern über sogenannte Tracheen. Dabei handelt es sich um röhrenförmige, stark verzweigte Einstülpungen der Körperwand. Dieses Tracheennetz verzweigt sich im Inneren des Körpers in immer feinere Äste und versorgt schließlich jede einzelne Zelle direkt mit Sauerstoff. Ein Transport der Atemgase über das Blut wie bei uns existiert also nicht! Die Tracheen münden über zehn Paar Atemlöcher[10] nach außen, schwerpunktmäßig am Hinterleib.[11] Ein Insekt könnte daher theoretisch den Kopf stundenlang unter Wasser halten, ohne die geringsten Atemprobleme zu bekommen. Werden dagegen alle Stigmen durch die Bioschlagsahne der Schaumzikade verklebt, ist ziemlich schnell Sense und dem Sechsbeiner geht die Luft aus!

Was tun?

Durch Einstülpungen der Hinterleibsringe hat sich auf der Bauchseite der Larve der Wiesenschaumzikade eine geschlossene Atemhöhle gebildet. Alle Stigmen des Hinterleibs münden nun ausschließlich in diese Atemhöhle und haben damit keinen Kontakt zum Außenmedium mehr. Auf so etwas muss man einmal kommen! Zum Atmen wird die Hinterleibsspitze wie ein Schnorchel aus dem Schaum gestreckt, ein Insektenallerwertester bietet also überraschende Verwendungsmöglichkeiten!

Am Ende der Larvenzeit erfolgt die Häutung zum geflügelten Vollinsekt. Anders als die Larve ist die Wiesenschaumzikade unglaublich mobil und Anwärter auf den Hochsprungrekord im Tierreich. Der 6 mm große Winzling erreicht nach der nur eine Tausendstel Sekunde dauernden Absprungphase eine Sprunghöhe von stolzen 70 cm[12], das entspricht immerhin dem 115-fachen der Körperlänge.[13] Bezogen auf meine Körpergröße wäre das eine Hochsprungleistung von 190 m! Selbst beim Einsatz von illegalen Dopingmitteln und einem verflixt langen Anlauf hätte ich hier doch gewisse Probleme. Beim Absprung wird die Erdanziehung mit dem gut 400-fachen der Erdbeschleunigung überwunden, kein menschlicher Astronaut oder Testpilot würde diese Belastung überleben.[14] Ein derart »sprunghafter« Charakter ist nicht mehr auf den tarnenden Schutz der Schaumnestkinderstube angewiesen, sondern kann frei und ungebunden die Wiesen erobern.

Die durch das Saugen an den krautigen Pflanzen verursachten Schäden sind minimal, es besteht also kein Anlass, gleich mit der chemischen Keule gegen diese putzigen Kerlchen vorzugehen. Lassen wir diese kleinen Schaumschläger daher mit unserem Einverständnis zufrieden vor sich hin saugen, und freuen wir uns wieder einmal an der unbegrenzten Raffinesse der Natur.

Anmerkungen:

[1] *Philaenus spumarius.*
[2] *Cercopidae,* weltweit existieren etwa 1.100 in erster Linie tropische Arten.
[3] *Aphrophorinae.*
[4] *Cercopinae.*
[5] *Alliaria petiolata.*
[6] Siebröhren = Phloem.
[7] *Naiococcus serpentinus* bzw. *Trabutina mannipara.*
[8] *Aphrophora salicina.*
[9] Auch die im Spätsommer abgelegten Eier (bis zu 30 Stück) werden mit einer schützenden Schaumschicht überzogen, die dann später erhärtet.
[10] Stigmen.
[11] Dort befinden sich 8 Paar Stigmen.
[12] Damit schlägt sie einen Floh um 50 cm!
[13] Hier wird ein raffinierter Katapultmechanismus angewendet. Vor dem Absprung kauert sich die Zikade zusammen, dabei rastet ein Haltemechanismus ein, der die Hinterbeine arretiert. Jetzt spannt die Zikade die mächtige Sprungmuskulatur zunehmend an, die bis zu 11 % der gesamten Körpermaße betragen kann. Sobald die Haltekraft des Arretiermechanismus überschritten ist, wird schlagartig die gesamte Energie der Sprungmuskeln explosionsartig in die Beinstreckung umgesetzt.
[14] Der Mensch erträgt nur etwa ein Vierzigstel dieser Beschleunigung.

Held der Unterwelt
– der Maulwurf

Mit eineinhalb lachenden und einem halben weinenden Auge betrachte ich mein neu angelegtes Beet mit einheimischen Schattenpflanzen. Werbewirksam mittig positioniert, hat hier über Nacht ein gewaltiger Maulwurfshaufen das Licht der Welt erblickt und verschüttet mit seinen Endmoränen rotzfrech einen Teil meiner Jungpflänzchen. Bei der Beantwortung der Frage, »Wie erfreue ich das Herz eines Gartenbesitzers?«, beweisen Maulwürfe in der Regel einen unfehlbaren Instinkt!

Der Maulwurf gehört zur Ordnung der Insektenfresser, mächtige Jäger im Westentaschenformat. Weitere einheimische Vertreter[1] dieser spitzzahnigen Gruppe sind der Igel und die Spitzmäuse. Insektenfresser besitzen den urtümlichsten Bauplan aller höheren Säugetiere, aus diesem Ast des Stammbaums haben sich auch die Fledermäuse entwickelt.

Ungeachtet seiner »primitiven« Merkmale[2] ist der Maulwurf[3] hochgradig spezialisiert, aufgrund seiner Tätigkeit als unterirdisch lebender Stollengräber hat sein Körper einige radikale Umbauten erfahren. An eine Gazelle erinnert er nur sehr entfernt, der Körper ist walzenförmig, plump und kräftig.[4] Maulwürfe gehören nicht unbedingt zur typischen Beute von Graf Dracula und das aus gutem Grund. Der Kopf eines Maulwurfs geht übergangslos in den Rumpf über, ein typischer »Hals« fehlt komplett und damit natürlich auch die klassische Bissansatzstelle für jeden Vampir.

Schon auf den ersten Blick fallen die geradezu monströs vergrößerten Vorderpfoten auf. Die kurzen, massiven Oberarmknochen stehen seitlich, die Unterarme sind nach vorne gerichtet und nach außen gedreht, die Handrücken weisen daher zueinander. Beim Laufen setzt der Maulwurf also nicht die Handfläche, sondern die Daumenkante auf. Händeverschränken und Däumchendrehen ist für einen Maulwurf ana-

tomisch ein Ding der Unmöglichkeit! Die günstige Hebel-
übertragung in den Vordergliedmaßen verleiht dem Tier eine
beachtliche Kraft, am kielförmig ausgezogenen Brustbein setzen mächtige Grabmuskeln an. Graben ist Schwerstarbeit!
Jeder, der schon einmal im Schweiße seines Angesichts einen
Naturgartenteich ausgeschachtet hat, wird das bestätigen! Die
breiten Krallen sind an der Spitze extrem scharf, sie stellen im
Kampf mit Artgenossen eine verheerende Waffe dar. Wer die
Finger eines Maulwurfs zählt, ist zunächst irritiert, er kommt
auf sechs Stück! Ein an der Daumenseite liegender Knochen,
das Sichelbein[5], dient als »sechster Finger« und verbreitert die
Schaufelfläche noch zusätzlich. Maulwurfs-Ohrfeigen sind
wahrscheinlich ein echter Hammer!

Dem Maulwurf geht nie etwas »gegen den Strich«, sein
samtartiges, schwarzgraues, dichtes Fell hat im Gegensatz zu
fast allen anderen Fellarten nämlich keinen. Dadurch kann er
ungebremst vorwärts und rückwärts durch seine Gänge laufen.

In den 20er-Jahren des letzten Jahrhunderts waren gefärbte Maulwurfsjacken und -mäntel der letzte Schrei, was nicht
unbedingt zur Vermehrung des Maulwurfs[6] beitrug. Die feinen Pelzchen wetzten sich glücklicherweise leicht ab, waren
daher im Auto nicht sicherheitsgurtkompatibel und kamen
so bald wieder aus der Mode. Heute steht der samtige Gräber
gemäß der Bundesartenschutzverordnung unter besonderem
Schutz.

Ohrringe wären als Geschenk für einen Maulwurf völlig
unpassend. Die äußeren Ohrmuscheln fehlen komplett, der
Gehörgang kann durch eine Hautfalte verschlossen werden.
Wer ständig durch enge Gänge kriecht, wäre durch lange Ha-
senlöffel, in die sich die krümelige Erde mit Begeisterung ver-
irren würde, auch ziemlich gehandicapt. Trotzdem ist das
Gehör des Maulwurfs relativ gut entwickelt.[7]

In Anpassung an die Lebensweise im Dunkeln sind die Augen nur mohnkorngroß, auch das Sehzentrum im Gehirn ist

nur schwach entwickelt. Für den kühnen Falkenblick reicht es also nicht so ganz, aber Hell-Dunkel-Sehen ist möglich und das ist für die Bedürfnisse des Maulwurfs auch völlig ausreichend. In der völligen Schwärze seiner Gänge stützt er sich auf das Gehör und den hoch entwickelten Tastsinn. Vor allem die rüsselförmige Schnauze und die Schläfen sind mit zahlreichen Tastsinneszellen aufgerüstet.

Enge Stollen unter der Erde haben einen gravierenden Nachteil: Verglichen mit einer oberirdischen Brise sinkt der Sauerstoffgehalt in den Gängen von 21 Prozent auf 6 bis 8 Prozent, der Kohlenstoffdioxidgehalt steigt dagegen von 0,03 bis 1,5 Prozent auf satte 5 bis 6 Prozent. Es herrscht also mächtig dicke Luft im Maulwurfsreich!

Graben ist eine kräftezehrende[8] und damit auch Sauerstoff verschlingende Tätigkeit, der Maulwurf muss also sicherstellen, dass er unter diesen schwierigen Bedingungen nicht irgendwann kurzatmig japsend in den Seilen hängt. Sein Blut enthält daher eine sehr hohe Konzentration von Hämoglobin[9], das den Luftsauerstoff bindet. Die Blutmenge ist außerdem fast doppelt so hoch wie bei anderen Säugetieren gleicher Größe. (Also doch ideal für Dracula, wenn da nicht diese lästige Sache mit dem nicht vorhandenen Hals wäre …) Zusätzlich besitzt der Maulwurf extrem große Lungen, die etwa 20 Prozent des Körpergewichts ausmachen, um auch noch jedes letzte Fitzelchen Sauerstoff zu ergattern. Es ist also wie so oft: Man muss sich nur zu helfen wissen!

Nachdem nun alle Voraussetzungen für das Leben im Untergrund gegeben sind, kann der Maulwurf endlich loslegen. Ungeachtet seines Namens gräbt er niemals mit dem »Maul«. Der althochdeutsche Name lautete nämlich ursprünglich »muwerf«, das bedeutet »Haufenwerfer«, im Lauf der Zeit wurde dieser »korrekte« Name nach und nach völlig missverständlich entstellt.

Der Maulwurf fräst sich abwechselnd mit einer Vorderpfote durch den Untergrund, Hinterpfoten und die zweite Vorderpfote verkeilen sich fest in der Gangwand und bilden ein stabiles Widerlager. Ein Teil der losgelösten Erde wird mit drehenden Bewegungen des walzenförmigen Körpers gegen die Gangwände gedrückt und stabilisiert den Tunnel. Leider kann der Maulwurf nicht den gesamten Aushub so einfach verstauen, der Rest wird mit den Hinterpfoten nach hinten geschoben. Ab und zu dreht sich der Maulwurf um und schiebt die gelockerte Erde mit einer Pfote[10] bis zum Tunnelausgang. Ordnung muss sein. Dort bildet sich nach und nach der typische Maulwurfshaufen, zum Entsetzen des Gärtners ist dieses Werk oft schon nach 20 Minuten vollendet.[11] Ein kleiner Tipp als Trostpflaster für angenervte Haufenopfer: Die Erde aus Maulwurfshaufen kommt aus tieferen Schichten und ist daher arm an (Unkraut-)Samen, sie stellt also eine optimale Blumenerde dar!

Manchmal stößt man auf bis zu 70 cm hohe und 1,4 m breite Riesen-Maulwurfshaufen. Dabei handelt es sich keineswegs um die Werke eingewanderter Maulwurfs-Mutanten aus Tschernobyl. Diese sogenannten »Sumpf-« oder »Winterburgen« werden ausschließlich bei felsigem Untergrund und hohem Grundwasserspiegel angelegt. Kein Mensch liebt nasse Füße, auch der Maulwurf nicht. Deshalb baut er sein Wohnnest unter diesen ungünstigen Bedingungen oberirdisch, also im Inneren des Haufens. Maulwürfe können übrigens hervorragend schwimmen und überqueren sogar kleine Flüsse.

Ein Maulwurf, der richtig in Fahrt ist, entwickelt eine verblüffende Geschwindigkeit und fräst sich durch das Erdreich wie ein Sechsjähriger durch den Schokopudding. Innerhalb einer Stunde gräbt er sich bis zu 7 m durch den Untergrund, keine schlechte Leistung für einen durchschnittlich 13 cm langen Winzling. Bezogen auf meine Körpergröße müsste ich in der gleichen Zeit einen Gang von 59 m graben, das schaffe ich nicht einmal nach massivem Anabolika-Doping!

Das ständig erweiterte Gangsystem ist die Kaloriensammelstelle des Maulwurfs. Da er nur selten das Licht der Welt erblickt und auch völlig unabhängig vom Fernsehprogramm lebt, hat er einen festen Tag-Nacht-Rhythmus komplett über Bord geworfen. Vormittags, am späten Nachmittag und gegen Mitternacht hat er seine Aktivitätsmaxima[12] und dreht seine unterirdischen Runden. Meditative Ruhephasen verbringt er in seinem kugeligen Schlafnest[13], auf einer weich gepolsterten, bandscheibenfreundlichen Matratze aus Laub und Gras. Wer sich in das Gangsystem eines Maulwurfs verläuft, hat bald ernste Probleme. 44 nadelspitze Zähne zermalmen jeden noch so harten Chitinpanzer wie Knäckebrot. Das Gangsystem leitet Geräusche gut weiter und der Maulwurf spürt auch geringe Erschütterungen des Untergrunds. Bitte dreimal rascheln, ich bin sofort bei Ihnen! Im Boden lebende Insektenlarven stürzen bei ihrer Grabtätigkeit in die Gänge. Da das Ende des Gangs meist unverschlossen bleibt, wandern auch von der Erdoberfläche Asseln, Spinnen, Tausendfüßer, Insekten und Schnecken ein. Auch die jungen Insassen eines Mäusenestes sind als Ehrengäste am Maulwurfstisch stets hochwillkommen.

Eigentlich sollte der kleine Gräber aber nicht »Insektenfresser«, sondern »Wurmwüterich« heißen. Regenwürmer sind die unangefochtenen Spitzenreiter auf seiner Speisekarte. Diese leckeren Protein-Spaghetti können 80 Prozent seiner Nahrung ausmachen. Ein Regenwurm, der beim Graben versehentlich in das Gangsystem einbricht, versucht in der Regel vergeblich, sich nach diesem »Reinfall« in die glattgewalzten, verdichteten Gangwände einzubohren. Meistens wird ihm aber vorher der Gangbesitzer mit einem freundlichen »Mahlzeit« auf die Schulter klopfen. Im Winter ziehen sich die Regenwürmer bis zu einer Tiefe von 1 m in den Boden zurück, der Maulwurf erweist sich aber als anhänglich und folgt seinen Lieblingen samt Gangsystem!

Trotz seines gesegneten Appetits wirkt sich die Anwesenheit eines Maulwurfs aber niemals bestandsgefährdend auf eine Regenwurmpopulation aus, im Gegenzug vertilgt er auch viele aus Sicht des Gärtners »schädliche« Insektenlarven wie Engerlinge von Mai- und Junikäfern, Rüsselkäferlarven, »Drahtwürmer«[14] und die Larven der Wiesenschnake[15].

Maulwürfe halten keinen Winterschlaf, sie haben sogar in dieser Zeit ihr Aktivitätsmaximum. Das ist auch nötig, denn Insektenlarven und Regenwürmer überstehen die kalte Jahreszeit in stressfreier Starre bis zu den ersten warmen Sonnenstrahlen im Frühling. Und wer nicht gräbt, stürzt dummerweise auch mit Sicherheit in keinen Maulwurfsgang!

Der stets hungrige Maulwurf gräbt daher den gesamten Winter über aktiv nach Beute, die er in der Erde wittert. Als Einziger der Insektenfresser hat der Maulwurf ein geniales neues Konzept etabliert: die Vorratshaltung! In speziellen Kammern mit 15 bis 20 cm Durchmesser hortet er Engerlinge und Regenwürmer.

Da er als Feinschmecker ausschließlich lebende Beute akzeptiert, verletzt er die Regenwürmer durch gezielte Bisse in die Kopfregion[16] und macht sie so fluchtunfähig: Die so lädierten Appetithäppchen sind nicht mehr in der Lage sich einzugraben.[17] Vor dem Festmahl wird der Wurm am Vorderende ergriffen und zwischen den Krallen der Vorderpfoten ausgestreift. Mit dieser patentierten Rundumreinigung wird die anhaftende Erde entfernt und gleichzeitig der erdige Darminhalt ausgedrückt. Zurück bleibt der leckere Hautmuskelschlauch. Absolut köstlich!

Durch seinen hohen Grundumsatz »verheizt« ein Maulwurf sehr viel Brennstoff, die täglich verdrückte Nahrung beträgt bis zu 90 Prozent des Körpergewichts.[18] Rechnen Sie das mal auf Ihr eigenes Gewicht um!

Maulwürfe sind strikte Einzelgänger, in das Revier eindringende Artgenossen werden sofort vertrieben. Im Gegensatz zur völlig unnatürlichen Situation in Gefangenschaft gehen diese Kämpfe in freier Wildbahn aber niemals tödlich aus. Der Durchmesser eines Maulwurfreviers hängt stark von der Menge der verfügbaren Nahrung ab, je wurmärmer, desto größer der Radius. Während der Brunftzeit im Frühjahr dehnen die Maulwurfsmännchen auf Freiersfüßen ihre Reviere so weit aus, bis sie auf das Gangsystem eines Weibchens samt dem begehrten Inhalt stoßen. Hier handelt es sich also um »Anbaggern« im wahrsten Sinn des Wortes. Über Details aus dem Liebeswerben des Maulwurfs gibt es in der Literatur keine näheren Angaben, selbst der Voyeurismus der Forscher konnte die diskrete Dunkelheit der Gänge bisher nicht durchdringen.

Die frisch geworfenen ein bis sieben Jungen erblicken das Licht (oder vielmehr die Dunkelheit) der Welt in einer gut gepolsterten, warmen Nestkammer und sind typische Nesthocker: nackte, blinde, hilflose rosa Winzlinge. Bereits nach zwei Monaten stehen sie komplett auf eigenen Grabpfoten, mit zehn Monaten sind sie dann schließlich geschlechtsreif.

Maulwürfe leben im Schnitt zwei bis drei Jahre, vor allem das erste Lebensjahr birgt seine Tücken. Ein halbstarker Maulwurf muss erst ein eigenes Territorium besetzen, in dieser Wanderphase stöbern die Jungtiere auch häufig oberirdisch nach Beute. Wie Analysen von Gewöllen[19] zeigen, sind Mäusebussard und Waldkauz von diesem Verhalten sichtlich angetan, auch Störche, Reiher und der Fuchs machen den Jünglingen gerne ihre Aufwartung. Wer dann schließlich einen Mietvertrag unterschrieben und sein eigenes Gangsystem bezogen hat, kann dem zweiten Lebensjahr etwas gelassener entgegensehen.

Vielleicht handelt es sich bei meinem »Beetbesetzer« ja auch um solch einen wanderfreudigen Teenager, der jetzt erst einmal erleichtert aufatmend die Pfoten hochlegt. Sei mir also willkommen, du Freund der Dunkelheit und des Regenwurmtatars!

Maulwürfe sind zwar streng geschützt, da sie aber »haufenweise« Gärtnerärger verursachen, führt ihre Anwesenheit häufig zu geradezu legendären Abwehrschlachten. »My home is my castle« und wer meinen liebevoll verhätschelten Rasen betritt, ist des Todes (Ehefrauen und Kinder jetzt mal ausgenommen)! Kippbügelfallen und Räucherpatronen mit hochgiftigem Phosphorwasserstoff trachten unbarmherzig – und rechtswidrig – nach dem Leben des geschützten, samtigen Gräbers.

Folgen Sie diesen martialischen Beispielen bitte nicht!

Abgesehen von der gewöhnungsbedürftigen Ästhetik seiner Haufen ist der Maulwurf harmlos und er wird sich als strikter Antivegetarier – entgegen anders lautenden Behauptungen – auch niemals an Wurzeln oder Ihrem Gemüse vergreifen. Seine Lust auf Grünzeug ist nämlich ähnlich ausgeprägt wie Ihre Leidenschaft für knackige Engerlinge (Ausnahmen bestätigen die Regel!).

Leben und leben lassen, zum Glück für den Maulwurf beherzigen gerade Naturgärtner diese Maxime.

Drücken Sie also ein Auge zu, wenn Sie wieder mal über einen Maulwurfshaufen stolpern, und gönnen Sie diesem unermüdlichen Untergrundaktivisten sein dunkles Reich!

Anmerkungen:

[1] Weltweit kommen noch die Tanreks (Zwergtanreks, Reistanreks, Otterspitzmäuse, Borstenigel), die Goldmulle und bei den Maulwurfartigen die Desmane und Spitzmausmaulwürfe dazu.

[2] Gehirnaufbau, Gebiss.

[3] *Talpa europaea.*

[4] Körperlänge 10 – 16 cm, Gewicht 50 – 100 g. Die Männchen sind schwerer und größer als die Weibchen.

[5] Os falciforme.

[6] 1930 kamen über 20 Millionen Felle auf den Markt (nach Grzimeks Tierleben).

[7] Er reagiert auf Töne zwischen 250 und 3.500 Hz.

[8] Ein Maulwurf benötigt zum Graben 400- bis 4.000-mal mehr Energie als zum Laufen an der Erdoberfläche (Vleck 1979, Universität von Arizona).

[9] Hämoglobine sind Proteine, bei denen der Luftsauerstoff an Eisenatome gebunden und so transportiert wird. Deshalb kann Eisenmangel zur »Blutarmut« führen.

[10] Aufgrund seiner kompakten, kräftigen Bauweise kann ein Maulwurf bis zum 32-fachen seines Körpergewichts anheben.

[11] Die feinkrümelige Erde rutscht zunächst in alle Richtungen aus dem Eingangsloch des Gangs. Ab einer gewissen Masse kann die Erde nicht mehr ungehindert seitwärts rutschen, sondern blockiert. Jetzt werden die Erdportionen senkrecht nach oben durch den Hügel gedrückt und rutschen an der Hügeloberfläche wieder nach unten. Dadurch wächst der Haufen kontinuierlich in die Höhe (und damit auch automatisch in die Breite).

[12] Zusätzlich läuft er sein Revier etwa alle 4 Stunden auf der Suche nach Beute ab.

[13] Es liegt etwa in einer Tiefe von 50 cm und hat einen Durchmesser von 15 – 20 cm.

[14] Larven der Schnellkäfer *(Elateridae).*

[15] *Tipula paludosa,* bei Massenvorkommen über 400 Exemplare pro Quadratmeter.

[16] Entgegen der weit verbreiteten Ansicht entstehen aus einem halbierten Regenwurm nicht zwei neue Tiere. Alle wesentlichen Organsysteme liegen im Vorderteil des Wurms, bei ausreichender Länge kann er eine Teilung überleben, das Hinterende stirbt in jedem Fall ab.

[17] In einer Vorratskammer wurden sage und schreibe 18 Engerlinge und 1.280 Regenwürmer mit einem Gesamtgewicht von 2 kg entdeckt (Fons in Grizmek 1988).

[18] Maulwürfe, die längere Zeit unter konstant guten Bedingungen leben, benötigen 20 – 25 g Nahrung täglich, das entspricht einer Menge von etwa 8 kg Insekten und Würmer pro Jahr.

[19] Greifvögel und Eulen (aber auch andere Vögel wie Störche, Reiher, Krähen, Möwen, Seeschwalben, Ziegenmelker und Eisvögel) würgen die unverdauten Überreste der Beutetiere wieder aus. Sie bestehen aus Knochen, Zähnen, Haaren, Federn, Fischschuppen und Insektenpanzern. Zum Schutz der Speiseröhre sind die Gewölle zu einem runden Ballen geformt, scharfe Knochenteile werden von Haaren oder Federn umhüllt und damit »entschärft«. Durch Analyse von Gewöllen erhält man einen guten Überblick über die Kleinsäugerarten in einem Gebiet.

Das Ass im Aas – der Totengräber

Upps, das war haarscharf!
Um ein Haar wäre ich in eine Hinterlassenschaft unseres fetten Nachbarkaters Garfield II getreten. Ich muss wohl Abbitte leisten, bisher habe ich ihm als Beute nur altersschwache Whiskasdosen zugetraut, aber vor mir liegt eine definitiv massakrierte und schon etwas überreife Maus.

Auf ihrem Rücken sitzt ein schwarzer Käfer mit prächtigen rostroten Querbinden auf den Flügeldecken, der sein Glück noch gar nicht fassen kann: ein Totengräber[1], ein Vertreter der einheimischen Aaskäfer[2].

Im Gegensatz zu vielen anderen äußerst unkooperativen tierischen Eiweißquellen, läuft Aas nicht davon und verteidigt sich nicht.

Sehr löblich!

Andererseits ist Aas nicht sonderlich häufig und taucht nur in völlig unvorhersehbaren Abständen auf, daher heißt es schnell zuschlagen. In freier Wildbahn setzen sich die Vertreter der Bestattungsinstitute vor allem aus Fliegen und Käfern zusammen, einen Vertreter des Empfangskomitees lernen wir gerade kennen.[3] Die Fühler des Totengräbers enden in einer knopfförmigen, viergliedrigen »Keule« mit zahllosen Sinneshärchen, der appetitanregende Duft zerfallenden Eiweißes wirkt auf ihn wie ein Leuchtfeuer in dunkler Nacht.[4]

Sobald ein Männchen einen Kadaver entdeckt hat, wartet es hoffnungsvoll auf ein Weibchen. Falls die Heißersehnte allerdings zu lange auf sich warten lässt, hilft der Käfer etwas nach, selbst ist der Mann. Er klettert auf seine Mitgift und reckt den Hinterleib weit in die Höhe, er »sterzelt«. Dabei werden Sexualpheromone[5] freigesetzt, eine Art SMS per Luft. Ein männlicher Absender ist in der Insektenwelt ziemlich ungewöhnlich, normalerweise ist – wie bei uns Menschen – das Parfum eine ausschließliche Domäne der Weibchen.[6] Sinngemäß verbreitet der ungeduldige Freier dabei die Nachricht: »Attraktiver Käfermann mit üppiger Mitgift sucht Gattin zwecks sofortiger Familiengründung«. Da die artspezifischen Pheromone über wesentlich weitere Entfernungen wahrgenommen werden als der Duft des Kadavers, sind die Bemühungen des Männchens in der Regel irgendwann von Erfolg gekrönt und seine angehende Holde stellt sich ein.

Dabei gibt es allerdings auch »Heiratsschwindler«, Käfermännchen, die emsig sterzeln, obwohl sie noch gar kein Aas entdeckt haben, um sich dann mit dem erwartungsvoll anrückenden Weibchen zu paaren. Reingelegt!

Da das übertragene Sperma vom Weibchen in einem speziellen Speicherorgan aufbewahrt wird, besteht für das Männchen eine – wenn auch geringe – Chance, sein Erbgut in die nächste Generation einzubringen, auch wenn sich das Weibchen später noch mit weiteren Männchen paart. Man kann's ja zumindest mal probieren!

Käferbuffets in geeigneter Größe sind Mangelware, in der Regel treffen daher am Aas mehrere Käfer der gleichen Art aufeinander. Jeder Ankömmling ist natürlich voll und ganz davon überzeugt, rechtmäßiger Besitzer der Köstlichkeit zu sein, und raunzt empört: »Schert euch gefälligst weg von MEINER Maus!« Von da an geht es mit dem Niveau des Dialogs bergab und das Ganze endet irgendwann in einer wüsten

Keilerei, bis am Ende nur noch das stärkste Paar übrig bleibt und alle anderen Widersacher vergrault hat.

Jetzt ist Eile geboten, denn die Anziehungskraft der duftenden Maus für alle Aasfresser ist ungebrochen.[7] Falls der Kadaver auf steinigem Untergrund liegt, wird er energisch bis zu einem weicheren Untergrund gezerrt, dabei entwickeln die Käfer verblüffende Kräfte. Die Erde unter dem Kadaver wird hervorgewühlt und bildet einen Wall, die Maus sinkt durch ihr Eigengewicht immer tiefer ein. Während des Eingrabens werden die Haare abgebissen und der Kadaver immer wieder eingespeichelt, nach und nach nimmt er zunehmend Kugelgestalt an. Manche Arten vergraben diese kulinarische Mäusekugel bis zu 60 Zentimeter tief, je nach Untergrund dauert diese Sisyphusarbeit zwischen drei und neun Stunden. Was tut man nicht alles für die lieben Kleinen!

Am Ende ruht die nun kugelrunde Maus in einer kleinen Erdhöhle (Krypta) und ist dem Zugriff der hungrigen Konkurrenz endgültig entzogen.

Geschafft!

Jetzt ist es an der Zeit, für den Nachwuchs zu sorgen, in einem Seitengang legt das Weibchen 10 bis 20 Eier ab. Nein, ich habe keine »Null« vergessen, diese geradezu lächerlich geringe Anzahl spiegelt die extrem hohe Überlebensrate der Jungen wider.[8] Totengräber besitzen eine hoch entwickelte Brutpflege, wie man sie sonst nur bei den sozialen Insekten (Bienen, Wespen, Termiten) findet, ansonsten heißt es im Insektenreich: Eiablage – und Tschüss!

Absolut sensationell ist die Einbeziehung der Totengräbermännchen in die Brutpflege, dieses Phänomen ist bei Insekten noch seltener als bei den Menschen.

Der Käfer gräbt am oberen Ende der Mäusekugel einen Trichter, in den er Verdauungssäfte abgibt, die die Kugel nach und nach durchtränken und mürbe machen. Die nach drei bis fünf Tagen schlüpfenden Larven werden mit zirpenden Lauten »zu Tisch« gerufen, dabei wird eine Kante an der Unterseite der Hinterflügel über Querriefen am Hinterleib gerieben.[9] Wer mit einem Bleistift über die Zinken eines Kamms fährt, kann sich den akustischen Effekt vorstellen. Sobald sich die Larven im Trichter versammelt haben, steht dem großen Fressen nichts mehr im Wege.

Der Käfer sondert einen kleinen Tropfen aus der Mundöffnung ab, der aus vorverdautem Protein besteht und von den Jungen begeistert aufgesogen wird, alle 10 bis 20 Minuten erfolgt jetzt die Fütterung mit »Käfer-Alete«. Bei bis zu 20 bettelnden Junglarven kämen Mama und Papa Käfer ohne die sorgfältige Vorbereitung der Mäusekugel jetzt ziemlich in Stress. Bereits nach sieben Stunden haben die Larven ihr Anfangsgewicht verdoppelt, die gesamte Larvenentwicklung dauert nur fünf bis acht Tage. Vor allem die kleineren Arten[10] gelangen auch ohne Fütterung zur Verpuppung, allerdings schlüpfen nur aus 40 Prozent dieser Puppen auch Käfer, im Gegensatz von bis zu 95 Prozent bei »elterlicher« Pflege. Die Alttiere bestreichen die Kugel auch immer wieder mit den Sekreten ihrer Analdrüsen und verhindern so die starke Ausbreitung von Pilzen und Bakterien, schließlich schläft die Konkurrenz nicht. Das letzte Larvenstadium frisst sich dann auch in die Tiefe der Kugel, bis außer ein paar Mäuseknöchelchen nicht mehr allzu viel übrig ist.

Uff, pappsatt!

Jede der mächtig angewachsenen Larven gräbt eine kleine Kammer im umliegenden Erdreich und verpuppt sich dort, nach zwei Wochen schlüpfen die Käfer, bei manchen Arten überwintern auch die Larven, ein langes Verdauungsschläfchen ist ja auch nicht zu verachten.[11]

Eigentlich sollte man erwarten, dass die Totengräber und ihr Nachwuchs während der zweiwöchigen Brutpflege von der explosionsartigen Entwicklung der Fliegenbrut geradezu überrollt werden. Eine Schmeißfliege kann sich innerhalb von nur zehn Tagen entwickeln, Fleischfliegen der Gattung *Sarcophaga* sind sogar lebendgebärend, das heißt, sie legen keine

Eier, sondern bereits geschlüpfte Larven ab, um im Wettrennen um die schnellste Entwicklung den Rüssel vorne zu behalten. Man sollte meinen, die Käfer stehen auf völlig verlorenem Posten.

Im Prinzip ja – glücklicherweise haben sie einen achtbeinigen Trumpf im Ärmel.

Jeder Käfer trägt viele winzige Milben mit sich, die ausschließlich auf Aaskäfern zu finden sind.[12] Sobald der Käfer einen Kadaver entdeckt hat, gehen die Milben freudestrahlend von Bord. Sie ernähren sich aber netterweise nicht von Aas, sondern von Fliegeneiern und den jungen Fliegenlarven, dadurch halten sie den schwer schuftenden Käfern die Rücken frei und die Fliegen machen die Fliege.

Sobald die neue Käfergeneration schlüpft, wird sie erneut von den flugunfähigen Milben bestiegen, die damit neue, ergiebige Jagdgründe besiedeln können. Diese biologische Form des Taxitransportes wird als Phoresie bezeichnet. Beide Partner sind dabei glücklich, die Milben gelangen problemlos von einem Kadaver zum nächsten, ohne sich Wasserblasen zu laufen, und die Käfer können auch ohne Fliegenklatsche in Ruhe essen. Häufig entwickelt sich im selben Jahr auch noch eine zweite Käfergeneration.

Bei besonders großen »Beutetieren«, die nicht von einem Käferpaar alleine bewältigt werden können, kommt es manchmal zum »Teamwork«, bei dem mehrere Weibchen ihre Brut gemeinsam in der gleichen Krypta aufziehen, der kapitale Kollektivkadaver. Dabei sind in der Regel so viele Weibchen vorhanden, dass der Kadaver von der Anzahl der Larven her optimal ausgeschlachtet werden kann.

Die luftige SMS meines frischgebackenen Mäusebesitzers wurde inzwischen erhört, ein Weibchen hat sich eingefunden und untersucht gerade kritisch die Mitgift. Allem Anschein nach scheint es sich aber tatsächlich um eine grundsolide deutsche Maus mit der liebenswertesten aller Eigenschaften zu handeln: Sie ist tot!

Morgen früh wird sich die Maus auf geheimnisvolle Weise in Luft aufgelöst haben, während im Boden emsig und unermüdlich der Grundstein für eine neue Käfergeneration gelegt wird.

Bon Appétit!

Anmerkungen:

[1] *Nicrophorus* spec.; spec. steht für »Species« und bedeutet, dass es von der Gattung *Nicrophorus* verschiedene Arten gibt (z. B. *Nicrophorus vespillo, Nicrophorus humator* usw.), der Autor sich aber noch sämtliche Haare rauft, weil er sich für keine dieser Arten entscheiden konnte. »Spec.« bedeutet also letztendlich: Ich habe keinen Schimmer, welche Art es ist, oder ich möchte die gesamte Gattung ansprechen!

[2] *Silphidae.*

[3] Bei den Fliegen die Schmeißfliegen, Fleischfliegen, Schwingfliegen, Buckelfliegen und Käsefliegen, bei den Käfern die Aaskäfer, Speckkäfer, Stutzkäfer und Schwarzkäfer.

[4] Skatol, ein Abbauprodukt der Proteine, kann von einem Aaskäfer noch in einer Konzentration von 9 ppm (parts per million = Teilchen pro Million) wahrgenommen werden.

[5] Pheromone sind komplexe, flüchtige chemische Substanzen, die der Kommunikation innerhalb einer Art dienen.

[6] Weitere Ausnahmen finden sich bei den Skorpionsfliegen und den Wachsmotten.

[7] Die verschiedenen Insektenarten treten in einer so klar geregelten Abfolge an jedem Kadaver auf, dass vor Gericht damit der Zeitpunkt des Todes bestimmt werden kann, mit diesem appetitlichen Fachbereich beschäftigen sich die Gerichtsentomologen.

[8] Bei den Ölkäfern, die eine sehr verlustreiche Fortpflanzungsstrategie verfolgen, kann ein Weibchen bis zu 10.000 Eier ablegen.

[9] Stridulationsorgane.

[10] Unter anderem *Nicrophorus vespilloides.*

[11] *Nicrophorus interruptus.*

[12] *Poecilochirus necrophori.*

Spinnen im Visier – die Wegwespe

High Noon – 12 Uhr mittags. Die Julisonne knallt erbarmungslos vom Himmel und jedes vernunftbegabte Wesen hat sich längst in den schützenden Schatten geflüchtet. Das gilt natürlich nicht für mich, Vernunft in all ihren Varianten hat noch nie zu meinen Stärken gezählt! Deshalb sitze ich in der prallen Mittagssonne auf meinem Klappstuhl unmittelbar vor der Hausmauer und starre schwitzend, aber zutiefst fasziniert auf den Boden unmittelbar vor meinen Füßen. Unser 50 cm breiter »Burggraben« in Form eines Sandbeets bietet wieder einmal ein fesselndes biologisches Drama.

Auf den kahlen Sandflächen zwischen den Pflanzen wuselt eine Wegwespe emsig hin und her. Vertreter dieser langbeinigen Wespenfamilie kann man gut am »nervösen« Umherlaufen mit vibrierenden Flügeln erkennen, das immer wieder von hüpfend-springenden Kurzflügen unterbrochen wird. Wegwespen sind in der Regel schwarz gefärbt oder haben eine rotbraune Zeichnung am Hinterleib, von den 4.000 Arten kommen ungefähr 100 in Deutschland vor, die aber außer spezialisierten Entomologen-Freaks kein Mensch voneinander unterscheiden kann.[1]

Das hektische Insekt ist ganz offensichtlich auf der Suche nach irgendetwas. Mit heftigen Scharrbewegungen der Vorderbeine schleudert es kleine Sandfontänen nach hinten, läuft wieder einige Zentimeter und buddelt erneut. Nach zahllosen Anläufen scheint es plötzlich fündig geworden zu sein und das Scharren konzentriert sich nur noch auf eine einzige Stelle. Schon nach einigen Minuten ist die Wespe bis zur Hälfte im Sand verschwunden. Größere Steine werden mit den Kieferklauen gepackt und – oft erst nach zahlreichen Fehlversuchen – energisch nach hinten gezerrt. Ein Mensch, der bezogen auf sein Körpergewicht die gleiche Leistung vollbringen wollte, müsste einen kompletten Güterzug mit den Zähnen wegziehen, ein Experiment, das wohl nur für den Zahnarzt des Betroffenen erfolgversprechend wäre.

Nach einer Viertelstunde ist die Wegwespe komplett in der neu geschaffenen, kleinen Höhle verschwunden. Immer wieder erscheint sie im Rückwärtsgang an der Oberfläche und transportiert herausgescharrtes Material nach hinten, die Sandfontänen spritzen nur so in alle Richtungen. Ich komme schon beim Zuschauen ins Schwitzen! Dann plötzlich, ohne jede Vorwarnung, fliegt das emsig schaffende Insekt einfach davon. Äh ... und nun? Wo bitte, bleibt die abschließende Pointe? Meine Geduld wird auf eine harte Probe gestellt, aber nach einer halben Stunde kehrt die Wespe doch tatsächlich wieder zurück, diesmal aber zu Fuß! Mit kraftvollem Rucken schleift sie eine kapitale Wolfsspinne am Bein hinter sich her.[2] Das erstaunt mich dann doch etwas, Sie würden ja vermutlich auch nicht unbedingt mit einem Vorschlaghammer auf Nitroglycerinkisten eindreschen. Selbst für eine extrem gutmütige Wolfsspinne ist diese Toleranz – gelinde gesagt – ungewöhnlich! Insekten, die eine Spinne am Bein ziehen, müssen sich in der Regel keine Gedanken mehr um ihre Altersvorsorge machen. Aber diese Spinne steht unter Vollnarkose! Durch einen Stich mit dem Giftstachel[3] der Wegwespe wurde ihre Muskulatur komplett lahmgelegt. Die Wespe attackiert so blitzartig, dass die Spinne in der Regel keine Chance hat. Und Spinnen sind weiß Gott nicht langsam!

Die Beute sämtlicher Wegwespenarten besteht ausschließlich aus Spinnen der verschiedensten Gattungen, ein Umstand, der ihnen eigentlich tiefe Sympathien und Dankbarkeit der übrigen Insektenwelt einbringen müsste. Manche Arten[4] haben sich sogar auf Radnetzspinnen spezialisiert, die direkt im Spinnennetz attackiert werden, ein nicht ganz ungefährliches Unternehmen. Selbst wenn sich die Spinne blitzartig abseilt, folgt ihr die Wespe sofort auf den Boden. Wer den Film »Die Wüste lebt« gesehen hat, kann sich vielleicht an den dramatischen Zweikampf zwischen Wegwespe und Vogelspinne erinnern. Diese tropische Art der Gattung *Pepsis* (die nichts mit Cola zu tun hat), zählt mit einer Körperlänge von 6 cm und einer Flügelspannweite von 11 cm mit Abstand zu den größten Wegwespenarten.

Wegwespen gehören zu den sogenannten solitären Hautflüglern[5], das heißt, sie gründen im Gegensatz zu Honigbienen, Hummeln und vielen sozialen Wespenarten keine Staaten.

Die Hauptnahrung der Imagines (das sind ausgewachsene, geschlechtsreife Insekten nach der letzten Häutung) besteht ausschließlich aus süßen Pflanzensäften.[6] Was also soll diese – im wahrsten Sinn des Wortes – »Spinnerei«?

Die rein vegetarische Ernährungsweise gilt zwar für das geflügelte Insekt, die Larven sind dagegen der Fleischeslust keineswegs abgeneigt und die Spinne ist der entscheidende Kalorienträger für die »Entwicklungshilfe« der Larve.

Nachdem die Wegwespe den Spinnen-Burger mühsam und oft erst nach mehreren Anläufen in das Nest geschleppt hat, legt sie ein einzelnes Ei darauf ab.[7] Geschafft! Danach wird der Nesteingang wieder sorgfältig verschlossen, bis er sich durch nichts mehr von der Umgebung unterscheidet.[8] An dieser Stelle endet jede Verantwortung der Nestgründerin für ihren Nachwuchs, der nun künftig ganz auf sich selbst gestellt ist.[9] Für Eltern mit pubertierenden Kindern eine geradezu idyllische Vorstellung!

Sobald die Larve schlüpft, ist das Buffet eröffnet. Die Auswahl lässt zwar etwas zu wünschen übrig, aber der Vorrat reicht für die gesamte Kindheit. Nach einigen Wochen seligen Schmausens verpuppt sich die Larve und verbringt so den Winter. Was soll man auch sonst Sinnvolles in dieser Zeit anfangen? Im nächsten Jahr schlüpft die junge Wegwespe und buddelt sich an die Oberfläche. Der Kreislauf ist geschlossen.

Einige Arten haben es geschafft, diese schweißtreibende Prozedur der Brutvorsorge drastisch abzukürzen, die sogenannten Kuckuckswegwespen[10]. Sie haben sich auf den Überfall von Spinnentransporten anderer Wegwespen spezialisiert, eine Art wegelagernde Mafia unter den Wegwespen. Während eines Ablenkungskampfes mit der rechtmäßigen Spinnenbesitzerin schaffen sie es, blitzartig ein Ei in den spaltförmigen Atemöffnungen der Spinne zu platzieren.[11] Das Ei ist seitlich stark komprimiert wie eine überfahrene Blattlaus und verschwindet daher völlig unauffällig im Spinnenkörper. Die vermeintlich siegreiche Nestgründerin summt der Fersengeld gebenden Kontrahentin noch einige unflätige Verwünschungen hinterher und macht sich dann wieder an die Arbeit, ohne zu ahnen, dass aus ihrer Spinne ein trojanisches Pferd geworden ist. Beide Larven schlüpfen, aber die Larve der Kuckuckswegwespe entwickelt sich deutlich schneller und tötet als Erstes ihre Nebenbuhlerin.[12] Danach heißt es: Bon Appétit!

Wegwespen lieben trockene, geschützte Sandflächen, bei ihnen ist Sandspielen eine Frage nackten Überlebens. Auch im kleinsten Garten lässt sich mit etwas gutem Willen ein Minibiotöpchen für diese faszinierenden Spinnenjäger anlegen.

Nachdem die Wespe sich für heute endgültig aus dem Staub gemacht hat, reibe ich mir den bedenklich geröteten Scheitel. Meine Digitalkamera liegt immer noch unbenutzt neben mir, vor lauter Begeisterung habe ich wieder einmal völlig vergessen zu fotografieren. Aber morgen wird die Spinnenjagd mit Sicherheit erneut freigegeben.

Halali!

Anmerkungen:

[1] Bei der Artbestimmung spielt unter anderem die Äderung der Flügel eine wesentliche Rolle.

[2] Die Bleigraue Wegwespe *(Pompilus cinereus)* ist eine der wenigen Arten, die den Vorwärtsgang bevorzugt.

[3] Da der Giftstachel eine Weiterentwicklung des Eiablageapparates ist, können generell nur die Weibchen stechen, das gilt auch für alle Bienen.

[4] Die Gattung *Episyron*.

[5] Zu dieser systematischen Gruppe gehören Ameisen, Bienen und Wespen. Auch wenn es auf den ersten Blick nicht so aussieht, haben alle Hautflügler als gemeinsames Merkmal zwei Paar Flügel. Vorder- und Hinterflügel werden über Flügelhäkchen aneinandergekoppelt und funktionieren als eine morphologische Einheit.

[6] Der Energiebedarf wird in erster Linie durch Nektar abgedeckt. Da die Wespen relativ ursprüngliche Mundwerkzeuge ohne einen ausgeprägten Rüssel haben, müssen die Blüten flach und leicht zugänglich sein.

[7] Nach der Begattung speichern die Weibchen genug Sperma für ihr restliches Leben. Das Weibchen kann die Geschlechtszugehörigkeit der Nachkommen steuern, aus unbefruchteten Eiern entstehen Männchen, aus befruchteten Eiern Weibchen. Die Befruchtung erfolgt erst bei der Eiablage.

[8] Andere Arten legen ihre Brutzellen in Hohlräumen, Schneckenhäusern, Käferbohrlöchern, hohlen Pflanzenstängeln und selbst gebauten Lehmnestern an.

[9] Die Lebenszeit der Weibchen beträgt auch nur 4 – 8 Wochen.

[10] Gattung *Ceropales*.

[11] Das letzte Hinterleibssegment der Wespe ist zu diesem Zweck stark komprimiert und funktioniert wie eine Legescheide.

[12] Auch eventuell vorhandene weitere Kuckuckswespenlarven werden getötet.

Der Alptraum aller Blattläuse – die Florfliege

Feierabend!

Ich sitze meditativ-dösig auf der Terrasse, genieße die milde Abendluft und das monotone, beruhigende Zirpen der Zikaden. Plötzlich durchbricht ein Insekt den Lichtkreis der Lampe, rumpelt unsanft gegen den Lampenschirm und macht eine nicht sonderlich elegante Notlandung mitten auf meiner Honigmelone.

Herzlich willkommen, mein ungestümer Gast!

Der zartgrüne Überraschungsbesuch mit den körperlangen Fühlern ist eine »Gemeine« Florfliege[1], eine der häufigsten einheimischen Vertreter der Florfliegen. 1999 wurde diese Art zum »Insekt des Jahres« gekürt (seitdem fliegen alle Florfliegen mit stolzgeschwellter Brust).

Florfliegen gehören zur Ordnung der Netzflügler, namengebendes Merkmal dieser Gruppe sind zwei Paar große, reich geäderte, zarte Flügel, die in Ruhe dachförmig auf dem Hinterleib ruhen und ihn weit überragen. Ungeachtet ihres Namens gehört diese »Fliege« verwandtschaftlich gesehen nicht zu den »echten« Fliegen[2], im Gegensatz zu den virtuosen Flugkünsten einer Stuben- oder Schwebfliege ist ihr Flug auch nur ein schwerfälliges, eher unbeholfenes Flattern.

Aber man muss ja schließlich nicht alles perfekt können.

Dieser zartgliedrige, hellgrüne Dämmerungsliebhaber mit den filigranen Flügeln, der häufig nachts vom Lichtschein in unsere Wohnungen gelockt wird, ist eine echte Schönheit. Die kugelförmig vorgewölbten Komplexaugen schimmern im Licht herrlich goldgrün, diese Eigenschaft spiegelt sich auch im Familiennamen wider: *Chrysopidae (chrys* = golden, *Ops* = Auge).

Fledermäuse, die versuchen eine Florfliege zu erbeuten, erleben häufig eine Überraschung. An den Flügeln dieser Insekten sitzen sogenannte Chordotonalorgane (bitte nur im nüchternen Zustand aussprechen), die Ultraschall registrieren können. Sobald eine Florfliege in den Echolotstrahl einer Fledermaus gerät, taucht sie in weiser Voraussicht sofort ab und kann damit häufig den fatalen Kontakt mit einem spitzzahnigen Fledermausgebiss vermeiden.[3] Liebe, die durch den Magen geht, ist doch oft sehr einseitig.

Als ich meinen Besucher vorsichtig auf die Hand nehme, macht er unhöflicherweise dem zweiten Namen seiner Gruppe alle Ehre: Stinkfliegen.

Puh!

Das Sekret der an der Vorderbrust ausmündenden »Stinkdrüsen« soll vermutlich Feinde abwehren.[4] Durchaus wirksam, ich hätte jetzt absolut keine Lust mehr, den kleinen Stinker zu verspeisen. (Genau genommen hielt sich diese Lust auch schon vorher in erträglichen Grenzen, zumindest solange noch etwas von meiner Honigmelone übrig ist!)

Die Vollinsekten sind pazifistische Vegetarier und erfreuen sich an Pollen, Nektar und dem Honigtau[5] der Blattläuse. Die Harmlosigkeit der Florfliege steht im krassen Gegensatz zum Appetit ihrer Larven. Eine Blattlaus sollte sich im eigenen Interesse tunlichst hüten, den Weg einer stets gefräßigen Florfliegenlarve zu kreuzen, schließlich ist die Gruppe der Florfliegen nicht umsonst auch als »Blattlauslöwen« verschrien.

Eine Florfliege beginnt ihr Leben in luftiger Höhe, die Eier sitzen an der Spitze 6 mm langer, elastischer Stiele. Der Naturwissenschaftler, der diese Gebilde entdeckte, beschrieb sie glückselig als eine völlig neue Art. Mit der systematischen Zuordnung lag er allerdings eine Winzigkeit daneben, die etwas irritierten Florfliegeneier geisterten seitdem immer wieder als der Pilz *Ascophora ovalis* (eiförmiger Schlauchträger) durch die Literatur.[6]

Die »lange Leitung« der Eier hat einen triftigen Grund. Florfliegenlarven haben einen gesegneten Appetit und nicht die leisesten Skrupel, sich auch über die Eier oder gerade schlüpfende Geschwister herzumachen, gespeist wird auch im engsten Familienkreis. Der Abstandshalter zur hungrigen Verwandtschaft kann also lebensrettend sein. Zur Herstellung tupft das Weibchen bei der Eiablage einen kleinen Sekrettropfen auf das Substrat, eine Art biologischer Sekundenkleber, den sie anschließend geschickt mit dem Hinterleib auszieht. Dabei erstarrt und erhärtet das Sekret zu einem langen Fädchen, an dessen Spitze das Ei[7] befestigt wird.

Et voilá, Ei am Stiel!

Bei den frisch geschlüpften, spindelförmigen Larven fallen sofort die mächtigen Saugzangen auf. Jemand mit solchen Mundwerkzeugen steht mit Sicherheit nicht auf Gemüse! Florfliegenlarven sind gefräßige Räuber, die sich schwerpunktmäßig von Blattläusen ernähren.[8] Die Larve schlägt ihre Saugzangen in die Beute, injiziert giftige Verdauungsenzyme und schlürft anschließend den verflüssigten Inhalt wie mit zwei Strohhalmen auf.[9] Zurück bleibt lediglich der unverdauliche Chitinpanzer, eine sinnlos gewordene Ritterrüstung ohne Ritter.

Manche Arten[10] spießen die ausgesaugten Blattlausüberreste auf die langen Hakenborsten am Rücken um sich damit zu tarnen, ein wandelnder »Blattlausfriedhof«. Eine auf Erlen jagende Art[11] pflückt den Wachsflaum vom Rücken der dort saugenden Blattläuse und befestigt ihn an den Hakenhaaren auf ihrem eigenen Rücken. Während die Ameisen ihre »Honigtau-Kühe« sonst energisch und äußerst wirkungsvoll gegen alle Plünderer verteidigen, entgeht die so getarnte Larve ihrer Aufmerksamkeit, der »Wolf im Blattlauspelz« kann sich ungestört ans Werk machen. Schon eine einzige Florfliegenlarve kann gewaltige Breschen in eine Blattlauskolonie schlagen, in ihrer etwa zweiwöchigen Lebenszeit vertilgt sie 200 bis 500 Blattläuse.[12]

Die Verpuppung erfolgt in einem knapp erbsen-

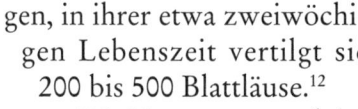

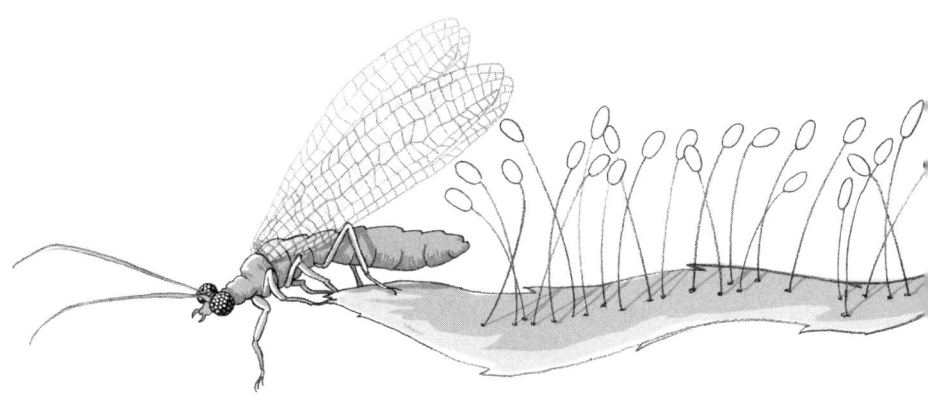

großen Seidenkokon. Anschließend schlüpft aber nicht etwa das fertige Insekt aus dem Kokon, sondern eine frei bewegliche Puppe![13] Sie kriecht an einen geeigneten Platz, häufig das Ende von Zweigen, erst hier häutet sie sich endgültig zum fertigen Insekt (Imago). Der komplette Entwicklungszyklus vom Ei am Stiel bis zum flatterflügligen Goldauge dauert 22 bis 60 Tage.[14]

In Mitteleuropa wachsen jährlich zwei Generationen der Blattlausmeuchler heran, der erste Schub schlüpft im Juli, der zweite dann im September. Die zweite Generation überwintert und verfärbt sich dabei rötlich braun, vermutlich um in der blattlosen Vegetation möglichst wenig aufzufallen. Man weiß schließlich nie, wer da alles ein Auge auf einen wirft! In Garagen und auf Speichern finden sich – manchmal zum Entsetzen der Hausbewohner – oft große Mengen an überwinternden Florfliegen. Häufig endet diese Ortswahl mit einem bedauerlichen Massaker unter den völlig harmlosen, goldäugigen Vierflüglern, da die Hausbesitzer dieses seltsame »Ungeziefer« nicht näher einschätzen können. Falls jemand seinen Florfliegen unbedingt »Hausverbot« erteilen möchte, kann er wenigstens im Garten wertvolle Überwinterungshilfen schaffen. Holz- oder Holzbetonkisten, die in einer Höhe von 1,5 bis 2 m hängen und locker mit Weizenstreu gefüllt sind, werden gern angenommen. An der windabgewandten Seite sollte sich eine Lamellenseite befinden, über die der Kasten besiedelt werden kann.[15]

Falls Sie in Ihrem Garten Insektizide spritzen, werden die Blattläuse natürlich schicksalsergeben den Löffel abgeben. Dummerweise aber auch sämtliche natürliche Feinde der Läuse wie Spinnen, Ohrwürmer, Raubwanzen, Hundertfüßer, Florfliegen, Staubhafte[16], Fanghafte[17], Marienkäfer, Laufkäfer, Weichkäfer, Kurzflügler, Grabwespen, Blattlausfliegen, Stelzfliegen, Schwebfliegen, Gallmücken und Schlupfwespen. (Blattläuse haben echt viele Fans!) In einem vielfältig strukturierten Naturgarten kommt es dagegen auch ohne jede Chemie nur selten zu einer Massenvermehrung von Blattläusen, dazu gibt es zu viele hungrige Mäuler in nächster Umgebung. Ein leichter Befall mit Blattläusen im Garten ist vollkommen normal und sogar begrüßenswert, denn ohne Beute verschwinden selbstverständlich auch alle Jäger.

Florfliegen werden heute zur biologischen Schädlingsbekämpfung im großen Umfang gezüchtet. Falls sich also dreisterweise Blattläuse in Ihrem Gewächshaus oder auf Ihren Zimmerpflanzen und Hydrokulturen breitmachen sollten, greifen Sie nicht gleich zur mörderischen chemischen Keule. Es geht auch liebevoller! Die Zuchtbetriebe[18] verschicken Florfliegeneier auf Mullgaze oder Papierstreifen, eine gut zu handhabende Blattlauszeitbombe. Zur frohen Bescherung die Streifen zerschneiden und gleichmäßig in den Pflanzen verteilen. Nach einer Woche schlüpfen die Larven. Ab dann haben die Blattläuse zunächst wirklich ernste Probleme und dann nie wieder welche.

Zur Züchtung dieser Nützlinge hat die Fachhochschule Weihenstephan ein völlig verrücktes Verfahren entwickelt, bei dem die Larven mit Kunstfutter[19] gefüttert werden, also komplett blattlausfrei! Dabei wird das flüssige Futtermedium mit einem niedrig schmelzenden Paraffin verkapselt, das heißt, es entstehen mit einer hauchdünnen Wachsschicht ummantelte

Kügelchen in der Größe von Blattläusen, in die die Larven begeistert ihre Saugzangen schlagen. Die perfekte Kunstblattlaus! Offensichtlich spielen beim Aufspüren der Beute geruchliche und geschmackliche Reize nur eine untergeordnete Rolle. Hauptsache das Fresschen ist außen rund und innen saftig.

Mein zartgliedriger, grüner Besucher hat inzwischen offensichtlich genug von meiner Gegenwart und verschwindet in seinem typischen, schwerfälligen Flatterflug in der Dunkelheit. Auf wachsummantelte Leckerbissen werden seine Larven in meinem Garten wohl nicht stoßen, aber mit Sicherheit auf knackige Blattläuse aus biologischem Anbau.

Lasst es euch schmecken!

Anmerkungen:

[1] *Chrysoperla carnea.*

[2] Bei den echten Fliegen *(Diptera* = Zweiflügler) sind nur die Vorderflügel funktionsfähig, die Hinterflügel wurden zu Flug stabilisierenden Schwingkölbchen (Halteren) umgebaut.

[3] Vermutlich spielen selbst erzeugte Ultraschallsignale auch bei der Balz eine Rolle.

[4] Bei den wirklich impertinent riechenden Blattwanzen funktioniert diese Methode hervorragend. Radnetzspinnen kicken ins Netz gefallen Wanzen geradezu »angeekelt« aus dem Netz und durchtrennen sogar einzelne Fangfäden, um den Stinker die Flucht zu erleichtern, ohne auch nur den geringsten Versuch zu machen, diese Beute einzuspinnen oder gar zu beißen.

[5] Blattläuse stechen mit ihrem Rüssel die Siebröhren (Phloem) von Pflanzen an, in denen in erster Linie der in den Blättern durch Photosynthese gebildete Zucker (Glucose) transportiert wird. Da der Saft in erster Linie Zucker, aber kaum Aminosäuren enthält, müssen die Läuse zur Deckung ihres Proteinbedarfs große Mengen an Saft »filtern« und scheiden wieder große Mengen an zuckerreichen Exkrementen (Honigtau) aus, die vor allem ein Leckerbissen für Honigbienen (Waldhonig, Tannenhonig) und Ameisen sind. Auch das biblische Manna besteht aus zuckerreichen Ausscheidungen von an Tamarisken saugenden Mannaschildläusen *(Naiococcus serpentinus* bzw. *Trabutina mannipara).*

[6] Im Jahr 1737 erkannte der Franzose Réaumur die wahre Natur dieser »Pilze« und prägte auch den Namen »Lion de pucerons« (Blattlauslöwen).

[7] Pro Weibchen werden 400 – 700 Eier abgelegt, die Literaturangaben dazu schwanken.

[8] Auf ihrer Speiskarte stehen aber auch Schildläuse, Insekteneier, Milben, Thripse (Blasenfüße, Fransenflügler), Käferlarven, Schmetterlingsraupen und unvorsichtige Artgenossen, die nicht rechtzeitig in den Rückspiegel geschaut haben.

[9] Verblüffenderweise endet der Darm der Larven blind, hat also noch keine Verbindung nach außen. Feste Nahrungsreste müssen daher während der gesamten Entwicklungszeit als Larve am Ende des Mitteldarms gespeichert werden, der Gang zum stillen Örtchen findet erstmals als frisch geschlüpftes Vollinsekt statt.

[10] Etwa *Chrysopa septempunctata.*

[11] *Chrysopa slossonae.*

[12] In Laborversuchen verzehrte eine einzige Larve der Florfliege *(Chrysoperla carnea)* im Laufe ihres Larvendaseins jeweils 12.000 Eier von Spinnmilben, 240 Eier des Kartoffelkäfer, 430 Eier der Kohleule (die Raupen dieses Schmetterlings sind Schädlinge an Kohlpflanzen) oder 400 Blattläuse.

[13] Eine sogenannte *Pupa dectica.*

[14] Die Gesamtentwicklungsdauer hängt unter anderem vom Ernährungszustand der Larven, von der Umgebungstemperatur und der Witterung ab. Ein verregneter Sommer kann den normalen Zyklus stark verlängern.

[15] Käufliche »Florfliegenquartiere« aus Holzbeton gibt es z. B. von der Firma Schwegler.

[16] Sie gehören (wie die Florfliegen auch) zur Gruppe der Netzflügler und sind zwischen 2 und 10 mm groß. Körper und Flügel sind von in Wachsdrüsen gebildetem feinen Wachsstaub (Name!) bedeckt. Sie leben von Blattläusen, Insekten- und Spinneneiern.

[17] Ein weiterer Vertreter der Netzflügler. Die Vorderbeine sind zu einem Fangapparat umgebildet wie bei der Gottesanbeterin. Bis 17 mm lang. Sie erbeuten kleinere Insekten, vor allem Fliegen. Das erste Larvenstadion dringt in die Eikokons von Wolfsspinnen ein und entwickelt sich dort weiter.

[18] Informationen und Adressen unter: Institut für biologischen Pflanzenschutz, Heinrichstr. 243, 64287 Darmstadt, Telefon 0 61 51/40 70, E-Mail: biocontrol.bba@t-online.de

[19] Bestehend u. a. aus Bienenhonig, Zucker, Hefe, Kasein, Eigelb und Wasser.

Jäger im Verborgenen
– die Libellenlarve

Es ist Anfang Mai und die wärmenden Sonnenstrahlen heizen die Flachwasserzonen des Gartenteiches zunehmend auf. Ich knie am Ufer – Naturgärtner haben selten Hosen mit intakten Knien – und mustere konzentriert den schlammigen Gewässergrund.

Da! Wenn man weiß, wonach man suchen muss, entdeckt man irgendwann im Schlamm die Umrisse eines perfekt verborgenen Jägers: eine Libellenlarve!

Die Larven der Groß- und Kleinlibellen lassen sich relativ leicht voneinander unterscheiden:

Kleinlibellen sind zerbrechlich wirkende, filigrane Gestalten, ihr Hinterleib ist im Querschnitt nahezu kreisrund und am Hinterleib tragen sie drei große Kiemenblättchen.[1] Großlibellen wirken plump und »bullig«, ihr Hinterleib ist abgeflacht und endet in einer fünfspitzigen Analpyramide.

Ein Unterschied wie zwischen einer Prima Ballerina und einem Sumoringer.

Im Gegensatz zu den im Flug jagenden Imagines warten die Libellenlarven meistens geduldig auf ihre Beute, sie sind »Ansitzjäger«. Bloß keine unangemessene Hektik! Die Beute wird dabei sowohl über den Gesichtssinn[2] als auch über Bewegungsreize geortet. Beine und Fühler der Larve sind mit speziellen Sinneshaaren bestückt, die als »Seismograph« dienen und selbst die »Leisetreter« unter den Teichbewohnern anhand von minimalsten Druckwellen und Bodenerschütterungen wahrnehmen.

Der eigentliche Beutefang wirkt zunächst ziemlich irritierend. Die Larve hat sich scheinbar keinen einzigen Millimeter vorwärts bewegt, trotzdem zappelt plötzlich ein Beutetier zwischen ihren Mundwerkzeugen.

Beutemagnetismus?

Diese Zauberei ist ein Verdienst der »Fangmaske«, ein perfekt konstruiertes Beutefangorgan, das sich aus der Unterlippe entwickelt hat. Stellen Sie sich vor, Ihr Handgelenk wäre versteift und trüge eine spitze Greifzange, Ober- und Unterarme werden eng an den Oberkörper angelegt. Wenn Sie den Arm jetzt ruckartig nach vorne strecken und gleichzeitig die Greifzange am Ende schließen, haben Sie eine grobe Vorstellung von der Wirkungsweise der Fangmaske. In Ruhestellung wird sie vor Kopf und Brust geklappt und ist von oben kaum sicht-

bar. Das explosionsartige Ausschleudern dauert nur etwa 20 Tausendstel Sekunden, sobald der Auslöser[3] aktiviert ist, hat die Beute praktisch keine Chance mehr.

Der weitaus häufigste schüsselartige »Helmmaskentyp«[4] ist wie eine Baggerschaufel gestaltet. Im oder auf dem Schlamm lebende Bodentiere werden kurzerhand samt dem umgebenden Untergrund aufgelöffelt wie die Kirsche im Vanillepudding. Bei Bewegung der Fangmaske rieselt der Schlamm durch Borstensäume, die wie ein Filter wirken, dadurch wird die Beute sauber gespült, wie die Nuggets eines Goldgräbers. Bon Appétit!

Vor allem ausgehungerte Larven sind verheerende Räuber, die ohne Ansehen von Rang und Namen alles vertilgen, was sie überwältigen können: Insektenlarven, Würmer, Kleinkrebse, Wasserschnecken, Kleinlibellenarten, die ihre Eier unter Wasser ablegen, und kleine Fische. Eine Libellenlarve teilt ihre belebte Umwelt lediglich in zwei Kategorien ein: A: fressbar; B: potentiell fressbar, aber zu groß. Die Larven der Mosaikjungfern verlassen sogar teilweise das Wasser zum kulinarischen Strandbummel und erbeuten am Ufer Fliegen, Spinnen, Asseln und Regenwürmer, bevor sie sich wieder in das schützende Nass begeben.

Die hohen Kannibalismusraten bei Beobachtungen in Aquarien liegen vermutlich nicht an der Blutrünstigkeit der Larven, sondern in erster Linie an den völlig unnatürlichen Rahmenbedingungen (hohe Besatzdichte, kaum Flucht- und Versteckmöglichkeiten). In freier Wildbahn können Brüderlein und Schwesterlein zwar durchaus auch einmal auf der Speisekarte stehen, dann aber eher als ein Schmankerl für Feier- oder auch Nottage. Eine Ausnahmesituation sind austrocknende Gewässer, hier kann durch Kannibalismus wenigstens ein Teil der Population überleben. Wer unter diesen Umständen seine Artgenossen zum Fressen gern hat, entwickelt sich schneller und schlüpft eventuell noch rechtzeitig, bevor sich der Untergrund in eine lebensfeindliche Wüste verwandelt.

Kurze Strecken legen Libellenlarven »zu Fuß« zurück, längere schwimmend. Kleinlibellenlarven schlängeln den ganzen Körper wie ein Aal, die langen Kiemenblättchen wirken dabei als Ruder. Die plumpen Großlibellenlarven blicken verächtlich auf diese altmodische Form der Fortbewegung, sie selbst verwenden eine wässrige Variante des Raketenantriebs. Bei ihnen hat sich der Enddarm zu einem leistungsfähigen Atemorgan[5] umgewandelt, im Inneren des Körpers ist dieses zarte und verletzungsanfällige Kiemensystem vor Hooligans gut geschützt.[6] Die regelmäßige Atmung läuft ein Stockwerk tiefer ab als bei uns. Dazu saugt die Larve abwechselnd Wasser in das Darmlumen ein und stößt es wieder aus. Normalerweise in einem gemütlichen, meditativen »Ich-bin-ganz-ruhig«-Rhythmus. Ist dagegen ein Ortswechsel angesagt oder bei Bedrohung, werden die Dorsoventralmuskeln (Muskeln, die vom »Bauch« zum »Rücken« ziehen) ruckartig kontrahiert, der so ausgepresste, scharfe Wasserstrahl treibt die Larve ruckartig, mit hoher Geschwindigkeit nach vorne.

Juchuuuuu! Die NASA griff einige Millionen Jahre nach den Libellen auf das gleiche Grundprinzip zurück.

Das Austrocknen eines Gewässers ist normalerweise die Freikarte in die ewigen Jagdgründe, einige Arten trotzen knallhart auch derartigen Extrembedingungen. Die Larven des Plattbauchs und anderer Arten können im Schlamm vergraben mindestens acht Wochen im Trockenen überleben, in diesem Zustand können sie sogar einfrieren.[7] »Gefriergetrocknet« und dennoch lebendig! Manche Arten[8] nehmen bei Trockenheit angenervt ihren Hut und suchen »zu Fuß« neue Gewässer im Umfeld auf, dabei legen sie bis zu 20 m zurück. Diese Gewaltmärschen nehmen fast ausschließlich die robusten, derb gepanzerten Großlibellenlarven auf sich.

Die Larvenentwicklung dauert je nach Art einige Wochen bis maximal sechs Jahre (bei den Quelljungfern). Libellen gehören zu den Insekten mit unvollkommener Verwandlung (Hemimetabolie), das heißt, Eltern- und Larvengeneration haben wenigstens eine minimale Ähnlichkeit wie auch bei Wanzen und Heuschrecken.[9] Bei der Hemimetabolie ist zwischen Larve und Imago kein Ruhestadium (wie zum Beispiel eine Schmetterlingspuppe) für den Totalumbau zwischengeschaltet, aus der Larve schlüpft direkt die fertige Imago.[10]

Einige Tage vor diesem großen Moment nimmt die Larve keine Nahrung mehr auf, sie hat jetzt auch wirklich andere Sorgen. Der gesamte Bauplan muss vor dem Schlüpfen grundlegend umgestaltet werden, ohne dabei die wesentlichen Lebensfunktionen zu beeinträchtigen. Eine schier unglaubliche Leistung, die sämtlichen Organsystemen das Äußerste abverlangt. Die Augen vergrößern sich drastisch, die Fangmaske wird rückgebildet, Brust und Flügelscheiden schwellen an. An der Brust öffnen sich die Atemöffnungen (Stigmen), damit erfolgt die Umschaltung von Wasser- auf Luftatmung. Die Larve kann jetzt nicht mehr längere Zeit unter Wasser bleiben, ohne dass ihr die Puste ausgeht, deshalb kriecht sie so weit nach oben, bis Kopf und Brust aus dem Wasser ragen. In dieser Phase ist sie ein seltsames Zwitterwesen, nicht mehr dem Wasser und noch nicht der Luft zugehörig.

Meistens nachts oder in den frühen Morgenstunden ist es dann endlich so weit, der kritischste Moment im Leben einer Libelle, das Verlassen der Larvenhaut (Emergenz), bricht an. Als Aufsteiger der Woche kriecht die Larve an senkrechten Halmen und Stängeln in die Höhe und verankert sich dort mit den Krallen.[11]

Nun denn, jetzt hilft nur noch Daumendrücken!

Die Larve presst Hämolymphe in Brust und Kopf, gleichzeitig schluckt sie heftig Luft. Diesem plötzlichen Druckanstieg ist die spröde Larvenhaut nicht mehr gewachsen, sie reißt entlang der Rückenhaut auf wie ein zu enges Jackett. Mit windenden Bewegungen versucht sich die junge Libelle aus dem engen Gefängnis ihrer Larvenhülle zu befreien. Im Verlauf dieser Bemühung kippt der immer mehr frei werdende, weiche Körper nach hinten und hängt schließlich kopfunter.

Schließlich ist die Libelle nur noch mit dem Hinterleibsende eingeschlossen. Jetzt weiterzumachen wäre absolut fatal! Das stützende Chitin ist noch nicht ausgehärtet, die Beine sind deshalb weich und funktionslos wie gekochte Spaghetti. Würde die Libelle jetzt abstürzen, hätte sie so gut wie keine Überlebenschance.

Also erst mal eine ausgiebige Verschnaufpause, das ist ja schließlich redlich verdient!

Nach einer 15 bis 45 Minuten dauernden Härtungsphase bäumt sich die nun deutlich stabilere Libelle plötzlich auf, hält sich mit den Krallen an der Larvenhaut fest und befreit den Hinterleib mit einem Ruck. Das Schlimmste hat sie damit überstanden.

Die Flügel gleichen in diesem Stadium noch einem zerknüllten Putzlumpen und lassen wenig von ihrer künftigen Ästhetik ahnen.

So nicht!

Die Libelle pumpt Hämolymphe in die Flügeladern, die sich dadurch strecken und entfalten wie eine Luftmatratze beim Aufblasen. Durch die zirkulierende Hämolymphe wirken die Flügel in dieser Phase grünlich. Spezielle Pumporgane an der Flügelbasis (»akzessorische Herzen«) pumpen die Hämolymphe anschließend aus den Flügeln weiter in den Hinterleib, der sich jetzt ebenfalls streckt und härtet, die Flügel sind in diesem Stadium milchig transparent. Jetzt hat die Libelle endlich ihre künftige Gestalt, lediglich die Farben sind noch matt und die Flügel glänzen. Der gesamte Schlüpfstress zieht sich 30 bis 150 Minuten hin, bei kühler Witterung auch deutlich länger. Im Gegensatz zu uns kann die Libelle ja nicht die interne Heizung höher drehen, sondern sie ist rein passiv von der Umgebungstemperatur abhängig. Die endgültige Aushärtung der Flügel dauert bis zu 30 Stunden, aber schon lange vorher startet die junge Libelle zu ihrem Jungfernflug.

Das optimale Schlupfwetter bieten laue Nächte und sonnige, windstille Vormittage, hier schlüpfen dann oft Hunderte von Individuen gleichzeitig. Bei absolut lausigem Wetter kann die Larve den Schlupf um einige Tage verzögern, hat der Wettergott dann immer noch kein Einsehen, muss sie, unabhängig von den äußeren Bedingungen, auf Gedeih und Verderb schlüpfen. Ein plötzliches Gewitter während dieser Phase ist keine Erfrischung, sondern ein Todesurteil, die Flügel verkleben durch die Regentropfen irreversibel und können nicht mehr entfaltet werden, und Libellen, die zu Fuß unterwegs sind, sind selbst für den tollpatschigsten Jäger eine leichte Beute.

Die frisch geschlüpften, weichen Libellen haben ein ähnlich großes Repertoire an Verteidigungsmöglichkeiten wie ein Filetsteak und sind als Nahrung entsprechend begehrt. Zahllose Jungvögel sind damit groß und stark geworden: Meisen, Spatzen, Buchfinken, Grasmücken, Bachstelzen, Singdrosseln und Spechte schlagen gewaltige Breschen in die Reihen der Neuankömmlinge. Spinnen und Raubwanzen, die eine derart große Beute normal ignorieren würden, verwandeln die wehrlose Libelle in einen schmackhaften Proteinshake, der in aller Gemütlichkeit aufgesogen wird. Waldmäuse, Wanderratten, Bisamratten und Spitzmäuse genießen eine willkommene Tatar-Einlage im normalen Speiseplan. Ameisen und Wespen filettieren die riesige Beute und tragen sie stückweise als Larvennahrung in ihre Nester. Gibt es einen größeren Gegensatz als die pfeilgeschwinde Libelle und eine träge Nacktschnecke? Dennoch »erbeutet« die Igel-Wegschnecke[12] bodennah sitzende Sumpf-Heidelibellen und verputzt sie mit Genuss.

Wer es schafft, erfolgreich all diesen Gefahren zu trotzen und siegreich den Jungfernflug anzutreten, lässt eine hohle Larvenritterrüstung aus Chitin zurück, die Exuvie. Was zunächst wie Biomüll wirkt, ist in Wahrheit geradezu ein Gottesgeschenk für jeden Libellenforscher. Exuvien haben bei der Artbestimmung gegenüber den Libellen einen unschlagbaren Vorteil: Sie fliegen nicht weg! Anhand der Exuvie können sowohl die Art wie auch das Geschlecht einer Libelle sicher bestimmt werden. (Vorausgesetzt, Sie haben ein vernünftiges Binokular[13], die entsprechende Bestimmungsliteratur und gute Nerven.) Eine fliegende Libelle ist vielleicht nur auf der Durchreise und macht eine Sightseeingtour, beim Fund einer Exuvie weiß man dagegen definitiv, dass sich die entsprechende Art an diesem Gewässer entwickelt hat. Der Libellenbestand kann damit zuverlässig bestimmt werden. Selbst wenn kein einziges erwachsenes Exemplar einer Libellenart am Gewässer gesichtet wurde, ist die Exuvie als Bestandsnachweis völlig ausreichend.

Wenn Sie also künftig am Ufer Ihres Gartenteiches eines dieser Larvenhemden entdecken, dürfen Sie sich freuen. Sie haben einigen dieser fesselnden Diamanten der Lüfte zu einem erfolgreichen Start ins Leben verholfen.

Anmerkungen:

[1] Die Kiemenblättchen besitzen eine Sollbruchstelle und können bei Gefahr aktiv abgeworfen werden. Sie werden dann bei den Häutungen nach und nach regeneriert. Angreifer schnappen oft zuerst nach den sich leicht hin und her bewegenden Kiemenblättchen und die Larve kann dadurch entkommen. Auch ohne Kiemenblättchen überleben die Larven bei guten Sauerstoffbedingungen, die Atmung erfolgt auch über die restliche Körperoberfläche.

[2] Bei den jungen Larven setzen sich die Facettenaugen aus relativ wenigen Einzelaugen (Ommatidien) zusammen, die Anzahl und damit die Leistungsfähigkeit des Auges nimmt mit jeder Larvenhäutung zu: Beispiel Edellibellen *(Aeshnidae)*: 1. Larvenstadium 170 – 250 Ommatidien, letztes Larvenstadium 8.000 Ommatidien, Imagines 30.000 Ommatidien.

[3] Durch ruckartige Kontraktion der Dorsoventralmuskeln (Muskeln, die vom »Bauch« zum »Rücken« ziehen) wird das Körpervolumen verringert und damit der Körperinnendruck stark erhöht. Diese »hydraulische« Bewegung wird noch durch Streckermuskeln unterstützt.

[4] Diesen Typ der Fangmaske besitzen sämtlichen Libellenlarven, außer den Edellibellen *(Aeshnidae)* und den Flussjungfern *(Gomphidae)*, diese verwenden den pinzettenartig einsetzbaren »Tellermaskentyp«.

[5] Durch Einfaltung der Darmmembran entstehen sechs Doppelreihen dünner Kiemenblättchen, in die feine Endverästelungen der Tracheen ziehen, an den dünnhäutigen Kiemenblättchen findet der Gasaustausch statt.

[6] Ältere Larven besitzen ein kurzes Atemrohr am Hinterleibsende, das wie ein Schnorchel aus dem Wasser gestreckt werden kann. Damit ist das Überleben in nahezu vollständig sauerstofffreiem Wasser möglich.

[7] Dabei kommen biologische »Frostschutzmittel« in Form von höherwertigen Alkoholen (Glycerine, Sorbit) zum Einsatz, auch unter minus 15 °C gefriert die Hämolymphe nicht.

[8] Plattbauch *(Libellula depressa)*, Gestreifte Quelljungfer *(Cordulegaster bidentata)*, Torf-Mosaikjungfer *(Aeshna juncea)*, Vierfleck *(Libellula qudrimacula)* und die arktische Smaragdlibelle *(Somatochlora arctica)*.

[9] Das genaue Gegenteil ist die vollkommene Verwandlung *(Holometabolie)* der Fliegen: Eine Fliegenmade würde die eigene Mutter vermutlich nicht anhand des Passbildes erkennen.

[10] Metamorphose.

[11] Die meisten Arten entfernen sich nur einige Zentimeter vom Wasser, einige legen auch über 10 m zurück, z. B. Plattbauch *(Libellula depressa)*, Gemeine Keiljungfer *(Gomphus vulgatissimus)* und Frühe Adonislibelle *(Pyrrhosoma nymphula)* und klettern sogar auf Sträucher und Bäume, z. B. Zweifleck *(Epitheca bimaculata)*.

[12] *Arion intermedius.*

[13] Stereolupe: Ein Mikroskop mit zwei Okularen, mit dem nicht nur Dünnschnitte, sondern auch dreidimensionale Objekte betrachtet werden können.

Trichtertricks im Sand
– der Ameisenlöwe

Die Mittagssonne brennt auf das an der Südseite der Hausmauer gelegene Sandbeet. Eine halbstarke Wolfsspinne beendet – fast bin ich versucht zu sagen »gähnend« – ihr wärmendes Sonnenbad und sucht sich ihren Weg zwischen ein paar kleinen, unauffälligen Trichtern im Sand.

Von dieser Richtung würde ich wirklich ganz entschieden abraten, meine Teuerste, das könnte ziemlich schnell ins Auge gehen …!

Zu spät! Selbst acht Augen sehen manchmal noch zu wenig, vielleicht war der haarige Achtbeiner ja auch in wehmütiger Erinnerung an die letzte saftige Fliege versunken, jedenfalls rutscht er plötzlich zusammen mit einer kleinen Sandlawine in einen der Trichter. Als die Spinne in hektischer Eile versucht, wieder nach oben zu krabbeln, explodiert der Trichtergrund vorwarnungslos. Salven von Sandfontänen schießen nach oben, bringen die instabilen Wände zum Rutschen und reißen die Spinne wieder in die Tiefe. Zwei nadelspitze, monströse Kieferzangen tauchen aus dem Sand auf, schließen sich ruckartig um den weichhäutigen Hinterleib der Spinne und durchbohren ihn mühelos. Ein kräftiger Ruck und die Spinne verschwindet bis zur Hälfte im Sand, unfähig, sich in dem lockeren Untergrund mit den Krallen festzuhalten.

Ein weiterer Ruck und sie verschwindet komplett, der Trichterboden liegt erneut in trügerischer Ruhe da. Zurück bleibt nur eine verwirrte, einsame Milbe, die sich nach wochenlangem, erfolgreichem Huckepack-Dasein auf einem Spinnenrücken plötzlich ihrer Lebensgrundlage beraubt sieht.

Uff! Ich stoße den unwillkürlich angehaltenen Atem wieder aus.

Und wieder einmal zeigt sich, wie wenig Verlass auf deutsche Artnamen ist! Der »Ameisenlöwe«, der hier gerade so erfolgreich zugeschlagen hat, steht keineswegs nur den Ameisen in kulinarischer Verbundenheit nahe.

Bei diesem trichterbauenden[1] »Ameisenlöwen« handelt es sich um die räuberische Larve der Gewöhnlichen Ameisenjungfer[2], eine der häufigsten einheimischen Ameisenjungfernarten. Ameisenjungfern[3] gehören mit etwa 2.000 Arten zur größten Familie der Netzflügler[4]. Durch ihre meist nachtaktive Lebensweise sind sie nur wenig bekannt, mit ihren vier großen, reich geäderten Flügeln (daher der Name »Netzflügler«!) ähneln sie am ehesten kleinen Libellen.[5]

Ihre Larven, die Ameisenlöwen, sind dagegen recht gut erforscht, vor allem Kinder können sich für diese geniale und faszinierende Art und Weise des Beutefangs immer wieder begeistern.

Für den entomologischen Verhaltensforscher bieten diese Jäger im Verborgenen geradezu paradiesische Untersuchungsbedingungen: Ein Insekt, das sich problemlos in kleinen Plastikschalen mit Sand halten lässt und bei gutem Beuteangebot bis zu drei Jahre auf denselben fünf Quadratzentimetern verharrt, inspiriert selbst den phlegmatischsten Forscher zu mehr oder weniger sinnvollen Versuchsansätzen. Das Substrat kann problemlos variiert werden, im Dienste der Wissenschaft haben sich Ameisenlöwen schon durch Puderzucker, gemahlenen Kork, Mehl, Eisenfeilspäne und Sand in allen Korngrößen geschaufelt. Trichterbau und Beutefangverhalten können immer wieder problemlos ausgelöst und aufgezeichnet werden.

Forscherherz, was willst du mehr!

Bei der Eiablage in freier Wildbahn sucht Mama Ameisenjungfer einen möglichst optimal geeigneten Untergrund. Er soll sonnenexponiert, regengeschützt und mit einem rieselfreudigen Substrat versehen sein. Die Quartiersuche ist daher nicht ganz einfach und kann geraume Zeit in Anspruch nehmen. Dabei macht das Insekt durchaus Zugeständnisse, es muss keineswegs immer nur Sand sein. Auch Löss, Baummull, trockene Erde oder feiner Mauerschutt werden wohlwollend akzeptiert. Die einzeln abgelegten Eier[6] werden mit dem Sekret einer Kittdrüse bestrichen, im »panierten« Zustand sind sie dann so gut wie unsichtbar. Das ist auch durchaus sinnvoll, denn wer in der Natur mit schreienden Farben auf sich aufmerksam macht, ist entweder giftig, ungenießbar oder lebensmüde.

Oft reichen schon winzige Flächen unter Wurzelstrünken oder Steinvorsprüngen, um das Herz einer Ameisenjungfer höher schlagen zu lassen, das kann auch eine Handbreit lockerer Sandboden am Fuß einer Mauer sein. Ameisenlöwen

können also auch durchaus in unmittelbarer Nähe des Menschen hohe Besatzdichten erreichen.

Eines aber verabscheuen Ameisenlöwen bis tief ins Gebein: Nässe! Denn nasser Sand ist ähnlich rieselfähig wie Granit, die Larve ist im durchnässten Sand förmlich einbetoniert und verharrt in einer Starrstellung, bis der Untergrund wieder abtrocknet. Paradiesisch gelegene, geschützte Stellen sind daher oft mit Trichtern förmlich übersäht, das sind die Eins-A-Lagen für Ameisenlöwen.

Frisch geschlüpfte Larven bieten einen skurrilen Anblick. Der flache Kopf mit den riesigen, zangenförmigen Mundwerkzeugen nimmt fast die Hälfte der Gesamtkörperlänge ein. Der gesamte Körper ist dicht mit Borsten besetzt. Bei den Trichter grabenden Arten sind die Borsten alle nach vorne gerichtet. Die Larve ist daher bei der Fortbewegung im Sand gezwungen, permanent den Rückzug anzutreten, der Vorwärtsgang »gegen den Strich« ist nicht mehr möglich. Vorwärts, wir müssen zurück! Doch diese Borsten können sich durchaus als hilfreich erweisen, wenn ein kräftiges Beutetier versucht, den Spieß umzudrehen und den Ameisenlöwen unversehens aus dem Sand hebeln will.

Wäre ja noch schöner!

Sobald ein Ameisenlöwe auf geeigneten Untergrund stößt, geht es ruckzuck, bereits nach einer Viertelstunde ist der Fangtrichter komplett fertig. Die Larve pflügt zunächst im Rückwärtsgang einen kreisförmigen Gang. Dabei dient der abgeflachte Kopf als »Schaufel«, der das Material bis zu 30 cm weit nach außen schleudert. Der extrem bewegliche Kopf kann bis zu 180° nach hinten und 90° zur Seite ausscheren, ein Mensch würde sich bei dieser Bewegung unweigerlich das Genick brechen! Der anfängliche Kreis geht dann allmählich in eine Spirale nach Innen über, in der Kreismitte verharrt der Ameisenlöwe und schleudert so lange Material aus dem sich kontinuierlich vertiefenden Trichter, bis die Trichterwände stabil verharren.[7]

Anschließend sitzt er mit weit gespreizten Kieferzangen am Grund des Trichters und harrt der Dinge, die da – hoffentlich – kommen.

Dieser – scheinbar so banale – Trichter bietet verblüffende Überlebensvorteile, ermöglicht er doch der Larve, vegetationslose Bereiche in praller Sonne zu besiedeln und trotzdem Beute zu machen. Die Larve der Gemeinen Ameisenjungfer fühlt sich zwar bei 45 °C am wohlsten, aber die ungeschützte Sandoberfläche erreicht häufig Temperaturen über 50 °C, solch ein Sonnenbad würde unwiderruflich zu Ameisenlöwen-Kebab führen. Um dieses unrühmliche Ende zu vermeiden, liegt die Larve eingegraben am Fuße des Trichters. Während der Kopf des Ameisenlöwen immer in der Mitte des Trichtergrunds positioniert wird – hier landet schließlich im Idealfall das Fresschen – zirkuliert der Körper mit der Sonne und liegt immer im Schlagschatten des Trichters, also im kühlsten Bereich. Übersteigen die Temperaturen trotzdem ein Maximum, taucht der Ameisenlöwe schweren Herzens in tiefer gelegene Sandschichten ab und verzichtet einstweilen ganz auf Beute. Magenknurren ist immer noch besser als ein Hitzschlag!

Der Trichter bietet aber noch weitere Vorteile: Die Larve ist gut versteckt und macht nicht unnötig auf sich aufmerksam, man weiß ja schließlich nie, was für hungrige Mäuler sich sonst noch so in der Nachbarschaft herumtreiben. Obwohl der Ameisenlöwe im Energiesparmodus bewegungslos auf Beute lauert, ist der »Einzugsbereich« für potenzielle Mahlzeiten durch den Durchmesser des Trichters stark erweitert. Selbst flinken Beutetieren gelingt es nach dem Absturz meist nicht, im ersten Anlauf den Trichter wieder zu verlassen, somit hat der Ameisenlöwe mehrere Beutefangversuche frei.

Mit Hilfe hochleistungsfähiger, haarförmiger Mechanorezeptoren registriert der Ameisenlöwe bereits winzigste Erschütterungen des Untergrunds, er »hört« buchstäblich das Gras wachsen.[8] Die ersten Sandwürfe erfolgen daher häufig noch, bevor das Beutetier im Trichter landet. Die so aufgeschreckte Beute gibt in der Regel erschrocken Fersengeld und übersieht dadurch den Trichter, was taktisch unklug ist!

Die in den Trichter rieselnden Sandkörner bringen den vermeintlich vor sich hin dösenden Ameisenlöwen schlagartig in Fahrt. Er spreizt die gewaltigen Kieferzangen fast waagrecht und schleudert gleichzeitig durch Hochschnippen des abgeflachten Kopfes Sand nach oben, der den Absturz der Beute noch beschleunigt. Falls das Beutetier in der ersten Runde entkommen sollte, wird es mit Sandfontänen bombardiert, die es häufig wieder in die Tiefe reißen. Dort umfassen die Zangen das Beutetier meist an Brust oder Hinterleib. Dabei passiert nun etwas Ähnliches, als ob man einen Ritter mit einem Brotmesser attackieren würde: Das Messer rutscht an dem glatten Metall der Rüstung bzw. hier am glatten Chitinpanzer ab. Aber das ist nicht schlimm, ganz im Gegenteil: Durch dieses Abrutschen landet der Ameisenlöwe automatisch an den die Chitinplatten verbindenden, weichen Intersegmentalhäuten, die problemlos durchbohrt werden. Anschließend wird die Beute ruckartig unter die Sandoberfläche gerissen. Selbst die Bisse, Stiche und Drüsensekrete wehrhafter Insekten verpuffen im umgebenden Sand wirkungslos.

Ab diesem Moment sind die Aussichten des Mittagessens auf ein unbeschwertes Rentenalter gleich null!

Lebensrettend kann allerdings eine Schreckstarre[9] sein, in die zum Beispiel manche Käfer verfallen. Ein bewegungsloser Fremdkörper aktiviert das Beutefangverhalten nicht und wird daher völlig unbehelligt wieder aus dem Trichter geschnippt. Schwein gehabt, bis auf ein paar leichte Lackschäden unversehrt!

Lediglich Ameisenlöwen nach laaaaaaaaangen Hungerperioden beißen auch in unbewegliche Objekte. Vorsichtshalber! Man kann ja schließlich nie wissen.

Durch die hohlen Kieferzangen wird ein hochtoxisches Gift[10] injiziert, das rasch zur Lähmung der Beute führt. Dann erfolgt die Injektion von Verdauungsenzymen[11], die alle organischen Strukturen in milchige Fleischbrühe verwandeln, die nun genüsslich eingesogen werden kann.[12]

Möge es munden!

Ungeachtet seines Namens ist der Ameisenlöwe keineswegs nur auf Ameisen spezialisiert. (Es sei denn, er hat das große Glück, in unmittelbarer Nähe eines Ameisehaufens zu hausen, das sind dann allerdings paradiesische Zustände!) Insekten, Spinnen, Asseln und Tausendfüßer nimmt er absolut gleichberechtigt in die Zange, lediglich bei zu großen, heftig zappelnden Beutetieren taucht er vorsichtshalber in tiefere Sandschichten ab. Man will schließlich keinen Ärger.

Bei einem ungünstigen Standort lässt eine erfolgreiche Jagd häufig sehr, sehr lange auf sich warten, Ameisenlöwen sind daher begnadete Hungerkünstler. Monatelange Hungerphasen bei der Überwinterung sind für Insekten normal, dabei wird dann allerdings auch der Stoffwechsel auf absolute Sparflamme geschaltet. Zusätzlich kann der Ameisenlöwe selbst bei aktiver Jagdbereitschaft problemlos acht Monate ohne Nahrung und Flüssigkeit auskommen, ein Mensch hätte da doch gewisse Probleme. Bei schlechten Ernährungsbedingungen kann sich die Entwicklung bis zum geflügelten Insekt von zwei auf drei Jahre verlängern.

Die unterschiedlichen Durchmesser der Fangtrichter haben verschiedene Ursachen. Jedes der drei verschiedenen Larvenstadien baut zunehmend größere Trichter, die Reihe beginnt mit putzigen Einzentimeter-Trichterchen. Bei höherer Umgebungstemperatur, feiner Körnung des Sandes und gut genährten Exemplaren nimmt die Trichtergröße zu, kurz vor und nach der Häutungsphase und bei hoher Populationsdichte nimmt sie ab. Das letzte Beispiel ist ja gut nachvollziehbar, denn wenn die Trichter fast unmittelbar aneinandergrenzen und einer der Ameisenlöwen sich plötzlich zu einer Wohnungsrenovierung entschließt, kann es zu einer witzigen Kettenreaktion kommen. Der ausgeworfene Sand landet natürlich teilweise auch in den Nachbartrichtern, deren Bewohner ihn dann ebenfalls erbost nach außen werfen. Oft dauert es dann sehr lange, bis endlich wieder Ruhe einkehrt und jeder Ameisenlöwe mit dem Zustand seines Trichters zufrieden ist. Auch die ausgeschleuderten, leergesaugten hohlen Chitinpanzer der Beutetiere machen oft die Runde durch mehrere Trichter, bis sie endlich irgendwo außerhalb liegen bleiben. Ameisenlöwen-Pingpong!

Erstaunlicherweise zeigen Vögel und Reptilien keinerlei Interesse für die Trichter mit ihrem nahrhaften Inhalt, es scheint, als wären die Ameisenlöwen bisher der Aufmerksamkeit sämtlicher Wirbeltiere entgangen.

Ein Insekt schafft es allerdings auf fast schon geniale Weise, den räuberischen Ameisenlöwen zu überlisten, die Erzwespe *Lasiochalcidia igiliensis* (für den Namen kann sie ja schließlich nichts ...). Sie lässt sich tollkühn und mit voller Absicht in einen Fangtrichter rutschen, ein Verhalten, das im ersten Moment ernsthaft an ihrem Geisteszustand zweifeln lässt. Aber sie hat einen Trumpf im Ärmel bzw. in den Beinen. Sobald der Ameisenlöwe zubeißen will, klemmt sie die Fangzangen geschickt mit den kräftig entwickelten Hinterbeinen ein und legt ihn mit dieser Maulsperre völlig lahm. Ich wüsste wirklich zu gerne, was einem Ameisenlöwen in diesem Moment durch den Kopf geht!

Schließlich sticht die Wespe in die weiche Intersegmentalhaut zwischen Kopf und Brust und legt dort ihr Ei ab. Die Wespenlarve entwickelt sich im Inneren des Ameisenlöwen wie in einer gepanzerten Speisekammer, gut geschützt und im Überfluss schwelgend.

Wie um alles in der Welt entwickelt sich ein derart komplexes Verhalten? Es gibt Hunderte und Aberhunderte solcher Beispiele, eines verrückter und genialer als das andere. Sind es lediglich die Gesetze der Evolution, das Wirken von Mutation und Selektion? Ist es das Wirken einer kosmischen, kreativen Energie, die Hand eines schöpferischen Gottes? Ist es ein Zusammenspiel aus beiden Komponenten?

Wie immer die Antwort auch lauten mag, ein ehrfürchtiges Staunen ist hier sicher nie verkehrt.

Anmerkungen:

[1] Keine Regel ohne Ausnahmen: Lediglich 10 % aller Arten bauen Trichter, der Rest hält sich meist oberflächlich im Substrat verborgen und erbeutet vorbeilaufende kleine Beutetiere. Über die Nicht-Trichterbauer ist bis heute nicht allzu viel bekannt, da sie sich naturgemäß viel schwerer beobachten lassen.

[2] *Myrmeleon formicarius.*

[3] Im Englischen werden sowohl das geflügelte Insekt wie auch die Larve als »antlion« bezeichnet.

[4] In Europa kommen etwa 40 Arten vor, in Mitteleuropa etwa 17.

[5] Einer der Hauptunterschiede zu den Libellen sind die kleineren Komplexaugen und die am Ende keulig verdickten Fühler.

[6] Eizahl und Eiablage sind bisher nur unzureichend geklärt, bei manchen Arten werden nur 10 Eier pro Weibchen angegeben. Das würde für eine extrem hohe Überlebensrate der Larven sprechen.

[7] Durch diese Würfe erfolgt eine Fraktionierung des Materials nach der Korngröße. Große Körner rollen leichter zurück in den Trichter als feiner Staub und werden daher immer wieder erneut herausgeschleudert. Große Körner haben im Verhältnis zur Masse eine geringe Oberfläche und damit einen geringen Luftwiderstand, daher fliegen sie weiter als kleine Partikel. Schließlich wird die Trichteroberfläche ausschließlich von feinkörnigem Sand bedeckt, der unter dem Gewicht eines Beutetiers optimal nachgibt. Genial!

[8] *Myrmeleon formicarius* reagiert auf die Annäherung von Waldameisen bereits in einem Abstand von 6 cm zum Trichtermittelpunkt mit Sandwurf.

[9] Katalepsie.

[10] Bei den Larven von *Myrmeleon bore* wird das Gift nicht von der Larve produziert, sondern von dem in den Speicheldrüsen lebenden endosymbiontischen Bakterium *Enterobacter aerogenes.*

[11] Um dieses Enzymgemisch genauer zu analysieren, haben Koch u. Bongers (1981) 10 mm große Paraffinsäckchen entwickelt, in die die Ameisenlöwen ihre Zangen schlugen. Biochemiker sind es gewohnt, mit derart »gewaltigen« Mengen an Untersuchungsmaterial umzugehen.

[12] Die Larven der Netzflügler haben keine durchgehende Verbindung zwischen Mittel- und Enddarm. Der vorverdaute Nahrungsbrei enthält kaum Abfallstoffe, die Larve gibt daher während der zweijährigen Entwicklungszeit keinerlei Exkremente ab und verliert dadurch auch kein Wasser!

Schlusswort

Dieses Buch hat versucht, Ihnen das faszinierende, spannende und oft schier unglaubliche Leben von vielen verschiedenen Tier- und Pflanzenarten im Garten nahezubringen. Leider werden Sie auf einige dieser Begegnungen in einem konventionellen Garten vergeblich warten.

Anders ist das in Naturgärten. Erfrischend anders! Fette, nährstoffreiche Gartenböden werden innerhalb kürzester Zeit von einigen wenigen Allerweltsarten überwuchert. Im Naturgarten dominieren dagegen häufig die Asketen. Auf nährstoffarmen Substraten wie Sand und Kies kann ein Großteil unserer einheimischen Blütenpflanzen seine volle Pracht entfalten. In einem Umfeld, das häufig nur noch von sterilen Rasenflächen und monotonen Koniferenhecken geprägt ist, ziehen diese blühenden Oasen die einheimische Tierwelt geradezu magisch an. Naturgärten sind ein Refugium für Menschen, Tiere und Pflanzen, Orte einer intensiven Begegnung mit der Natur, die heutzutage leider keine Selbstverständlichkeit mehr ist. In unseren Gärten steckt ein ungeheures, größtenteils noch ungenütztes Potential. Nutzen wir es!

Ausführliche Informationen zu diesem Thema unter:
www.naturgarten.org

Der Autor

Werner David, Jahrgang 1959, begeisterte sich von klein auf für alles, was da kreucht und fleucht. Als logische Konsequenz folgte ein Studium der Biologie und Chemie für Lehramt Gymnasium in München. Bedingt durch berufliche Irrwege trat das Interesse für die Biologie vorübergehend etwas in den Hintergrund, flammte aber durch den intensiven Kontakt mit der Naturgartenbewegung wieder heftig auf.

Wir engagieren uns noch stärker für den Klimaschutz!

Seit mehr als 15 Jahren drucken wir unsere Bücher weitestgehend auf Recyclingpapier und versuchen damit, eine ressourcenschonende und umweltfreundliche Buchproduktion zu ermöglichen.

In den letzten Jahren ist der Klimawandel mit seinen weitreichenden Folgen für uns und vor allem unsere nachfolgenden Generationen immer mehr zum Thema geworden. Die Auswirkungen sind bereits jetzt spürbar – Wetterextreme, sich verschiebende Jahreszeiten, Erderwärmung. Auch wenn diese Entwicklungen nicht mehr völlig aufzuhalten sind, müssen wir – auch als Verlag – aktiv werden.

Die *freiburger graphische betriebe*, die Druckerei, in der unsere Bücher produziert werden, beteiligen sich an der Klimainitiative der Druck- und Medienverbände Deutschland und bieten die Möglichkeit, Buchproduktionen klimaneutral herstellen zu lassen. »Klimaneutral« bedeutet den Ausgleich von Treibhausgasen bzw. die Neutralisation durch die Einsparung einer bestimmten CO_2-Menge an anderer Stelle. Da die Wirkungen des Treibhauseffektes global schädigen, ist es irrelevant, an welchem Ort der Welt Emissionen entstehen und wo sie dann letztendlich eingespart werden. Der gesamte Prozess des Ausgleiches von Treibhausgasen basiert auf dem Kyoto-Protokoll von 1997.

Wir haben nun die Möglichkeit, für jedes Druckprodukt den genauen Wert des CO_2-Ausstoßes, der auf den Produktionsprozess in der Druckerei und deren Materialeinsatz zurückzuführen ist, zu ermitteln. Mit Hilfe eines vom Bundesverband der deutschen Druckindustrie entwickelten Rechners, mit dem viele Faktoren erfasst werden – Energieverbrauch, Farbe, Papier, Transportwege oder Einsatz von Personal – wird am Ende der Buchproduktion ein Wert ermittelt, der die relevante Wertschöpfungskette für die technische Herstellung des Buchs umfasst und den durch die Produktion verursachten CO_2-Ausstoß nachweist.

Für diesen Wert bezahlen wir als Verlag einen Ausgleich, der dann in anerkannte und zertifizierte Klimaschutzprojekte fließt. Die Zertifizierung erfolgt durch die Organisation *firstclimate* (www.firstclimate.com) und wird durch das Logo »Print CO_2« angezeigt.

Die aus dem Druck dieses Buchs resultierende Klimaabgabe fließt in ein Windparkprojekt in der Marmara-Region in der Türkei.
Das Projektgebiet liegt in der Marmara-Region an einem Höhenrücken etwa 350 m über Meereshöhe, nahe der Dörfer Elbasan und Catalca unweit Istanbuls. Im Rahmen des Projekts werden 20 Windenergieanlagen mit einer Nennleistung von je 3 MW errichtet.

Tiere im Garten

Wolf Richard Günzel:
Das Insektenhotel
ISBN: 978-3-89566-234-8

Wolf Richard Günzel:
Das Wildbienenhotel
ISBN: 978-3-89566-244-7

Wolf Richard Günzel:
Lebensräume schaffen
ISBN: 978-3-89566-225-6

Wolf Richard Günzel:
Der igelfreundliche Garten
ISBN: 978-3-89566-250-8

Gartengestaltung

Irmela Erckenbrecht:
Die Kräuterspirale
ISBN: 978-3-89566-190-7

Irmela Erckenbrecht:
Wie baue ich eine Kräuterspirale?
ISBN: 978-3-89566-220-1

Irmela Erckenbrecht:
Neue Ideen für die Kräuterspirale
ISBN: 978-3-89566-240-9

Sofie Meys:
Lebensraum Trockenmauer
ISBN: 978-3-89566-249-2

Gärtnern mit der Natur

Dettmer Grünefeld:
Das Mulchbuch
ISBN: 978-3-89566-218-8

Natalie Faßmann:
Auf gute Nachbarschaft
ISBN: 978-3-89566-257-7

Brigitte Kleinod:
Das Hochbeet
ISBN: 978-3-89566-261-4

Wolf Richard Günzel:
Lebensraum Gartenteich
ISBN: 978-3-89566-262-1

Gesamtverzeichnis: pala-verlag, Rheinstraße 35, 64283 Darmstadt
www.pala-verlag.de, E-Mail: info@pala-verlag.de

© 2010: pala-verlag,

Rheinstr. 35, 64283 Darmstadt

www.pala-verlag.de

ISBN: 978-3-89566-267-6

Alle Rechte vorbehalten

Illustrationen und Umschlaggestaltung: Karin Bauer

www.karin-bauer.com

Lektorat: Wolfgang Hertling

Druck: fgb • freiburger graphische betriebe

www.fgb.de

Printed in Germany

Dieses Buch ist klimaneutral produziert.